Hans D. Pflug

Die Spur des Lebens

Paläontologie – chemisch betrachtet

Evolution Katastrophen Neubeginn

Mit 79 Abbildungen und 15 Tabellen

Springer-Verlag
Berlin Heidelberg New York Tokyo 1984

Prof. Dr. Dr.-Ing. Hans D. Pflug
Geologisch-Paläontologisches Institut
Universität Gießen
Senckenbergstraße 3, 6300 Gießen

Titelbild: Acanthocrinus lingenbachensis, eine Seelilie aus dem
unterdevonischen Hunsrückschiefer.
Röntgenaufnahme von Prof. Dr. Dr. h.c. W. Stürmer, Erlangen.

CIP-Kurztitelaufnahme der Deutschen Bibliothek. Pflug, Hans D.: Die Spur des
Lebens: Paläontologie – chem. betrachtet / Hans D. Pflug. – Berlin; Heidelberg;
New York; Tokyo: Springer, 1984.
ISBN-13: 978-3-540-13465-7   e-ISBN-13: 978-3-642-82284-1
DOI: 10.1007/ 978-3-642-82284-1

Das Werk ist urheberrechtlich geschützt. Die dadurch begründeten Rechte,
insbesondere die der Übersetzung, des Nachdruckes, der Entnahme von Abbildungen, der Funksendung, der Wiedergabe auf photomechanischem oder
ähnlichem Wege und der Speicherung in Datenverarbeitungsanlagen bleiben, auch
bei nur auszugsweiser Verwertung, vorbehalten. Die Vergütungsansprüche des § 54,
Abs. 2 UrhG werden durch die „Verwertungsgesellschaft Wort", München,
wahrgenommen.

© by Springer-Verlag Berlin Heidelberg 1984

Die Wiedergabe von Gebrauchsnamen, Handelsnamen, Warenbezeichnungen usw.
in diesem Werk berechtigt auch ohne besondere Kennzeichnung nicht zu der
Annahme, daß solche Namen im Sinne der Warenzeichen- und Markenschutz-
Gesetzgebung als frei zu betrachten wären und daher von jedermann benutzt
werden dürften.

Satz: G. Appl, Wemding
2152/3140-543210

Vorwort

Paläontologie und Chemie berühren sich in zahlreichen Punkten. Manches steht scheinbar beziehungslos nebeneinander. Ich habe versucht, jene Erkenntnisse auszuwählen, die in einem sinnvollen Zusammenhang stehen. Die Biochemie der vorzeitlichen Lebewesen und deren biochemische Evolution steht im Mittelpunkt. Beachtung verdient aber auch die Sediment-Chemie, soweit sie etwas über Lebensraum und Lebensmilieu der vorzeitlichen Organismen und deren Beziehungen zur Umwelt aussagt. Mit der biologischen Evolution eng verbunden, ist die Chemie der irdischen Stoffkreisläufe, in die alle Lebewesen eingebunden sind und in die sie ständig hineinwirken.

Ein anderes Gebiet ist die Chemie der Fossilisation, d. h. der Umwandlungsprozesse der biologischen Substanzen im Sediment. Dieses Forschungsgebiet ist zur Domäne einer Nachbarwissenschaft, der organischen Geochemie geworden. Auch die Forschungsrichtung, die der Vorgeschichte des Lebens im Labor nachspürt, hat sich zur Eigenständigkeit neben der Paläontologie entwickelt. Über diese ist schon oft in verständlicher Weise geschrieben worden, so daß ich mich dazu kurz fassen kann [13, 20, 21, 39, 51, 143, 145].

In der Geschichte des Lebens gibt es einige besonders spannende Kapitel:

- Die Herkunft des Lebens,
- der Ursprung der höheren Pflanzen und Tiere,
- die Entfaltung und Ausbreitung der Lebewelt auf der Erde und
- die großen Aussterbe-Ereignisse.

Es liegt nahe zu fragen, was die Chemie zur Aufklärung dieser Vorgänge beigetragen hat. Hiernach habe ich das Buch in seine Abschnitte gegliedert und so bestimmt sich auch die Auswahl des Stoffes. Kürze war oft nötig, damit der Text flüssig lesbar bleibt. Der interessierte Leser kann sich anhand der Literatur genauer unterrichten. Dort findet man auch Verzeichnisse, die auf ältere Arbeiten hinweisen. Aus Platzgründen mußte auf eine vollständige Bibliographie verzichtet werden.

Für Mithilfe und Durchsicht des Manuskripts danke ich Frau Dr. B. Heinz, Frankfurt/M., Frau E. Gröning, Marburg sowie den Herren J. Gerhard und E. Reitz, Gießen.

Gießen, Mai 1984　　　　　　　　　　　　　　　Hans D. Pflug

Inhaltsverzeichnis

Paläontologie und Chemie – eine vielseitige
Partnerschaft 1
Erdgeschichte und Lebensgeschichte 4
Proteine und Aminosäuren, eine problematische
Fossilgruppe 7
Kohlenhydrate und Lignine – Zeugnisse versunkener
Floren 13
Lipide, die Ahnen des Erdöls und Bernsteins 17
Erste Spuren tierischen Lebens 28
Tiere entwickeln Hartskelette 35
Wo haben die Tiere ihren Ursprung? 41
Biominerale vermitteln Lebensgeschichte 45
Phytoplankton, ein Vorreiter der Evolution 56
Die ersten Landpflanzen 61
Eine Lagerstätte wird geboren 73
Die erfolgreichen Chitin-Tiere 80
Das Festland wird kolonisiert 84
Das Iridium-Ereignis – eine Aussterbe-Katastrophe? .. 95
Aussterbe-Ereignisse und biochemische Evolution 101
Lagerstättenchemie als Lebensurkunde 110
Sauerstoff, ein Motor der Evolution 121
Regiert Gaia die Erde? 124
Frühe geologische Überlieferung und Ursprung des
Lebens 127
Anhang: Chemische Analysenverfahren in der
Paläontologie 142
Erklärung der Fachausdrücke (soweit nicht im Text
erläutert) 146
Literatur 154
Sachverzeichnis 163

Paläontologie und Chemie – eine vielseitige Partnerschaft

In manchem sind Paläontologie und Chemie ungleiche Geschwister: Anders als die Chemie ist die Paläontologie eine historische Wissenschaft, denn alle Fossilforschung dient letztlich dazu, die Geschichte des Lebens zu rekonstruieren. Ein zweiter Unterschied betrifft die Methodik: Was den Paläontologen hauptsächlich interessiert, sind körperliche Strukturen, weniger deren Stoffbestand. So ist die Paläontologie struktur-orientiert und nicht stofforientiert wie die Chemie. In dieser Beziehung nimmt die Paläo-Biochemie eine vermittelnde Stellung ein [38, 51, 187]. Sie hat sich auf der Grundlage moderner Analysentechniken (wie der Gaschromatographie/ Massenspektroskopie) etabliert, mithilfe derer sich auch noch Spuren organischer Verbindungen nachweisen lassen. Damit, so war die begründete Erwartung, müßte man in Fossilien noch Körpersubstanzen aufspüren können, die über die Biochemie des urzeitlichen Lebewesens Aufschluß geben. Solche Chemofossilien wären dann als Urkunden der biochemischen Evolution verwertbar. Besonders vielversprechend erschien das Verfahren für die präkambrischen Gesteine, in denen Fossilstrukturen selten, organische Substanzen aber verbreitet sind. Über solche Funde schien es möglich, dem Ursprung des Lebens auf die Spur zu kommen.

Nicht alle Erwartungen haben sich erfüllt. So mußte man erkennen, daß die chemische Zusammensetzung eines Fossils, wie es heute vorliegt, von vielen und oft unberechenbaren geologischen Einflüssen tiefgreifend verändert ist. Schwierig zu fassen sind die vielfältigen Stoffaustauschvorgänge, wie sie zwischen Fossilkörper und umgebenden Sediment stattfinden. Der Körper gibt nach außen Zersetzungsprodukte ab und nimmt im Gegenzug aus dem Sediment Stoffe auf (Abb. 1, 2). Wird das Sediment von Grundwasser, Erdöl oder anderen Medien durchströmt, können organische Verunreinigungen in den Fossilkörper eingeschleppt werden. Gesteine hohen Alters sind in dieser Hinsicht besonders gefährdet, da sie ein langes und wechselvolles Schicksal hinter sich haben. Viele Analysenbefunde aus präkambrischen Schichten sind so mittlerweile in die Rubrik für zweifelhafte Fälle gekommen.

Es gibt keine zuverlässigen Kriterien, nach der sich die ursprünglichen Bestandteile des Fossils von späteren Verunreinigungen sicher unterscheiden lassen. Im einzelnen ist unkalkulierbar, wie sich die organischen In-

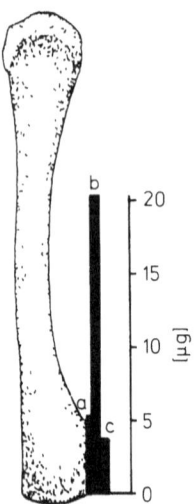 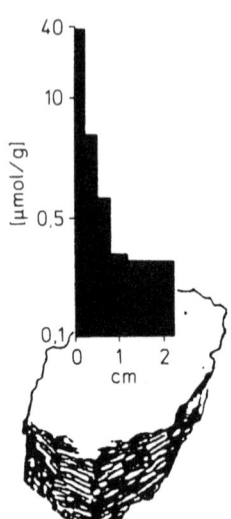

Abb. 1 (Links). Drei Analysen eines Knochenfundes auf Glutaminsäure an verschieden lokalisierten Stellen. *(a)* Gehalt im Knochen, *(b)* Gehalt außerhalb des Knochens im direkt anhaftenden Sediment, *(c)* Gehalt im Sediment etwa 2 cm vom Knochen entfernt. Der Befund indiziert, daß organische Bestandteile des Knochens ins Sediment abgewandert sind. (Nach Armstrong aus Tarlo (1967))

Abb. 2 (Rechts). Fünf Analysen auf Aminosäuren an lokalisierten Probenpunkten in einem Bruchstück des Allende-Meteoriten. Die Analysenpunkte verteilen sich von der Außenschale *(0)* bis in den Kernbereich des Steins (ca. 2 cm vom Rand entfernt). Aus der Graphik ist zu folgern, daß irdische Verunreinigungen von außen in das Gestein eingedrungen sind. Nach Untersuchungen an der Universität Miami aus Abelson (1959)

haltsstoffe im Laufe ihrer Fossilisation umwandeln und umsetzen. Allenfalls sind generelle Regeln erkennbar.

Insgesamt erhalten sich reaktionsträge und hitzeresistente Verbindungen im Gestein länger als andere. Aber das muß nicht immer so sein. Unter günstigen Umständen können auch leicht vergängliche Stoffe wie Protein oder Cellulose geologische Zeiträume überdauern. Solche Ausnahmefälle sind für die Paläontologie oft interessanter als die Regelbeispiele. Beide Möglichkeiten, der Regelfall und das Ausnahmebeispiel, werden uns noch wiederholt beschäftigen.

Eine zweite Schwierigkeit ist technischer Art. Das meiste der fossil-organischen Substanz liegt in Form des Umwandlungsproduktes Kerogen vor. (Abb. 43, S. 78). Es ist dies ein aus großmolekularen Strukturen zusammengesetzter Stoffkomplex, der sich durch keines der üblichen Lösungsmittel aufschließen läßt. Nur mit relativ groben Methoden, Erhitzung oder Oxidation, lassen sich aus der reaktionsträgen Masse molekulare Bruchstücke abspalten und für die Analyse verwerten. Diese besagen manchmal viel zum Ursprung der Substanzen, manchmal auch recht wenig. In wechselnden Anteilen sind neben dem Kerogen stets lösliche organische Verbindungen im Gestein enthalten. Diese lassen sich zwar meist gut identifizieren, sind aber mit Vorsicht zu beurteilen, denn hier stecken normalerweise Verunreinigungen, die aus verschiedenen sekundären Quellen stammen können.

Man hat inzwischen mehr und mehr gelernt, diese Gefahren einzuschätzen und die sicheren Befunde von den unsicheren zu trennen. Hilfe bringt dabei eine benachbarte Wissenschaft, die organische Geochemie. Für sie ist es eine Hauptaufgabe, die Umwandlungsprozesse aufzuhellen, wie sie die organischen Bestandteile im Sediment erfahren [18, 25, 35, 43, 166, 192, 193].

Bei Paläontologen hat die organische Fossilchemie bisher nur mäßiges Interesse gefunden. Bezeichnenderweise ist in Lehr- und Handbüchern der Paläontologie nichts oder nur wenig zum Thema zu lesen. Das wird der Bedeutung dieser Arbeitsrichtung nicht gerecht, denn inzwischen haben die Ergebnisse der organischen Fossilchemie doch viel zur Paläontologie beigetragen. Viele Befunde sind geeignet, die morphologische Deutung eines Fossils zu bestätigen oder zu ergänzen, andere tragen dazu bei, zwischen alternativen Deutungen zu entscheiden (Beispiele werden im nächsten Kapitel angeführt).

Auch auf einem anderen modernen Feld der Paläontologie hat die Chemie Fuß gefaßt. Es ist die Erforschung der Biominerale und der Biomineralisations-Prozesse. Neue analytische Methoden zeigen, daß zahlreiche Organismen und zwar viel mehr als früher geglaubt, mineralische Substanzen (sog. Biominerale) in ihrem Stoffwechsel erzeugen. Diese dienen nicht nur als Skelettmaterial sondern auch vielen anderen Zwecken. Die Mineralbildungen erhalten sich fossil oft gut, sowohl in ihrer Struktur wie in ihrem Stoffbestand. Noch wichtiger ist die Feststellung, daß sich in diesen Überresten die Biochemie des Organismus in einigen wesentlichen Zügen widerspiegelt. Dadurch kommt man zu Erkenntnissen der biochemischen Evolution. Biominerale können örtlich in großen Mengen produziert werden und dann mächtige Gesteinsformationen aufbauen. Bekannte Beispiele sind die Riffkalke und die Diatomeen-Gesteine. Häufig finden sich Biominerale zusammen mit organischen Stoffen und bilden mit diesen einen wesentlichen Bestandteil des Sediments.

Nicht alle Biosedimente sind Produkte von Zellen. Manche leiten sich von chemischen Reaktionsprozessen ab, die außerhalb der Zelle unter dem Einfluß der Photosynthese oder anderen Lebensaktivitäten stattfinden. Alle diese verschiedenen Biosedimente lassen sich paläontologisch verwerten. Sie sind dort besonders nützlich, wo Körperfossilien spärlich sind oder fehlen [78, 182, 197, 199].

Erdgeschichte und Lebensgeschichte

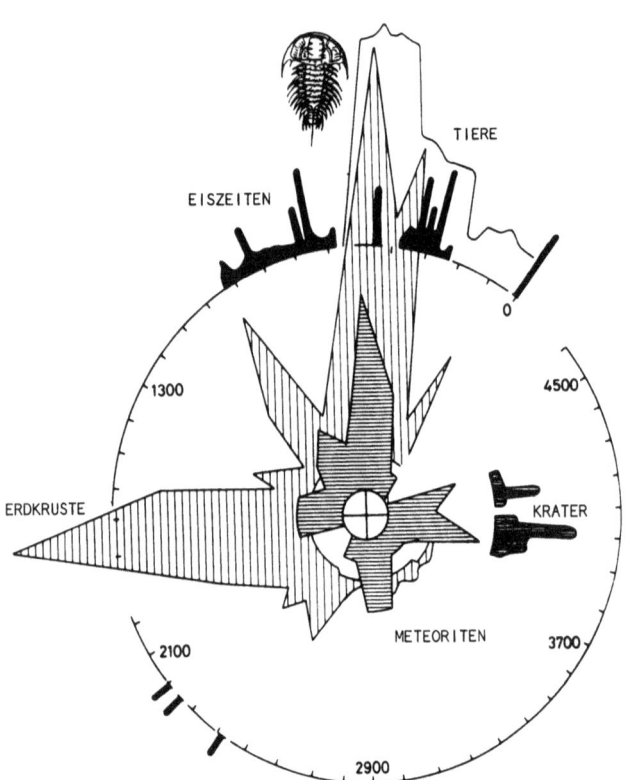

Abb. 3. Geologische Uhr, deren Zifferblatt von der Zeitmarke 4600 Millionen Jahre bis zur Jetztzeit *(0)* läuft. Das *senkrecht schraffierte Feld* zeigt die metamorphen Gesteinsalter der Erdkruste in ihrer Häufigkeitsverteilung, das *waagerecht schraffierte Feld* gibt in entsprechender Weise die metamorphen Gesteinsalter der chondritischen Meteoriten wider. Die *feingestreiften Säulen rechts* indizieren das frühe meteoritische Einschlagsereignis. Die *schwarzen Säulen* stehen für Eiszeiten. Die Evolution der Tiere ist mit der Häufigkeitsverteilung der Metazoen-Ordnungen angezeigt. Zusammengestellt nach Angaben von Dearnley (1969), Kirsten (1978), Maurer et al. (1978), Chumakov (1981), Valentine (1973)

Tabelle 1. Zeittafel der Erd- und Lebensgeschichte

Ära	Millionen Jahre[a]	Periode („Formation")	Epoche	Lebensgeschichte
KÄNOZOIKUM („Erdneuzeit")	2	Quartär		Erscheinen des Menschen
	12 25 36 58 65	Tertiär	Pliozän Miozän Oligozän Eozän Paleozän	Ausbreitung der Säugetiere, Vögel und bedecktsamigen Pflanzen
MESOZOIKUM („Erdmittelalter")	143	Kreide		Viele Land- und Meerestiere sterben aus bedecktsamige Pflanzen erscheinen
	212	Jura	Malm Dogger Lias	Erste Vögel Dinosaurier breiten sich aus
	247	Trias	Keuper Muschelkalk Buntsandst.	Ausbreitung der Reptilien u. der nacktsamigen Pflanzen
	289	Perm	Zechstein Rotliegend	Viele Meerestiere sterben aus Steinkohlenwald verschwindet
PALÄOZOIKUM („Erdaltertum")	365	Karbon		Steinkohlenwald, Erste Reptilien
	416	Devon		Erste Amphibien u. Insekten
	446	Silur		Erste Landpflanzen u. Landgliederfüßler
	509	Ordovizium		Erste Fische
	570	Kambrium		Viele Tierstämme der Wirbellosen erscheinen
PRÄKAMBRIUM („Urzeit")	680	Vendium		Erste Körperfossilien der Tiere
	1650	Riphäikum		Erste tierische Spurenfossilien Erste Blattalgen Mikrobenzeit
	2500	Karelium		
		Archaikum		
	4550	Vermutliche Entstehungszeit von Erde, Mond, Planeten		

[a] Revidierte Alterswerte (Stand 1982)

In Abb. 3 ist die Erdgeschichte in Form einer geologischen Uhr dargestellt. Ihr Zifferblatt läuft vom Ursprung der Erde vor ca. 4600 Millionen Jahren bis zur Gegenwart, dem Zeitpunkt 0. Die frühesten datierbaren Gesteine haben ein Alter von ca. 3800–4000 Millionen Jahren. Das muß eine Zeit heftigen Meteoriten-Bombardements gewesen sein (Abb. 75, S. 133). Zwar sind davon auf der Erde heute nur noch vage Spuren erhalten, aber auf dem Mond ist das Ereignis in seinen Zügen noch gut erkennbar. Der längste Abschnitt der Erdgeschichte gehört zum Urzeitalter (Präkambrium). Es reicht vom Erd-Ursprung vor etwa 4,6 Milliarden Jahren bis zur Untergrenze des Kambrium vor 570 Millionen Jahren (Tabelle 1). Im frühen und mittleren Präkambrium hat es auf der Erde offenbar nur Bakterien und einige andere Klein-Organismen gegeben. Erst kurz vor der letzten Jahrmilliarde erscheinen zunächst vereinzelt, dann vermehrt größere vielzellige Lebewesen. Schlagartig entfalten sie sich mit Beginn der kambrischen Formation vor etwa 570 Millionen Jahren. Die Evolution durchläuft dann eine erste Blütezeit im Erdaltertum (Paläozoikum). Diese Periode ist auch in anderer Hinsicht bemerkenswert. Im interplanetarischen Raum spielen sich zu dieser Zeit Kollisionsereignisse von besonderer Heftigkeit ab. Jedenfalls ist das aus der Gesteinsmetamorphose zu schließen, deren Spuren in den Meteoritenkörpern erkennbar und datierbar sind.

Auch die Erdkruste durchlief damals eine Periode stärkster Aktivität mit viel Gebirgsbildung und Vulkanismus. Die Vorgänge wurden jeweils von Eiszeiten eingeleitet, begleitet und beendet. In diese lebhafte Zeit fällt die erste Aktivitätsphase der biologischen Evolution. Damals haben sich die Stämme der höheren Tiere und Pflanzen herausgebildet, wie sie dann in die verschiedenen Astlinien der Entwicklung weiterführen.
Die Evolutionsvorgänge liefern die Zeitmarken, nach denen die Erdgeschichte in Epochen und Formationen unterteilt wird (Tabelle 1). Am Ende einer jeden Formation steht gewöhnlich ein größeres Aussterbe-Ereignis der Lebewelt, am Anfang der nächsten ein solches der Arten-Neubildung. Besonders heftig sind diese Umbrüche dort, wo ein Zeitalter (Erdaltertum, Erdmittelalter) abschließt und ein neues beginnt.

Insgesamt scheint sich in der geologischen Uhr ein rhythmischer Ablauf der Ereignisse auszuprägen. Was es mit dieser Regelmäßigkeit auf sich hat, ist noch unklar.

Proteine und Aminosäuren, eine problematische Fossilgruppe

Lebewesen setzen sich im wesentlichen aus fünf Stoffgruppen zusammen:
(1) Zwanzig verschiedene Aminosäuren, als Bausteine der Proteine.
(2) Vier verschiedene Purine und fünf verschiedene Pyrimidine, die Bausteine der Nukleinsäuren.
(3) Einfache Fettsäuren als Bausteine der Lipide, die im Körper vor allem Reservestoffe bilden.
(4) Einfache Zucker als Energiestoffe und Strukturmaterialien.
(5) Vitamine sowie verschiedene Sekundär- und Nebenbestandteile.

Viele dieser Naturstoffe sind konjugierte Verbindungen oder Heterocyclen, d. h. ringförmige Moleküle, die neben den C- und H-Atomen auch ein oder mehrere andere Atome (N, O, S, P) enthalten. Solche Verbindungen haben den Vorteil, daß sie einerseits reaktionsfreudig, andererseits thermodynamisch stabil sind. Letzteres gilt allerdings nur für den lebenden Organismus, nicht unbedingt für den Aufenthalt im geologischen Milieu.

Tabelle 2. Mittlere Zusammensetzung der Organismen (Gew. %, wasser- und aschefrei). (Nach Hunt aus [25] und anderen Quellen)

Beispiel	Proteine	Kohlehydrate	Lipide	Lignin
Landpflanzen	6	52	5	37
Phytoplankton	23	66	11	0
Zooplankton	60	22	18	0
Höhere wirbellose Tiere	70	20	10	0

Proteine bauen in den Organismen Körperstrukturen wie Haut und Muskeln auf. Es sind dies die Gerüstproteine, auch Strukturproteine genannt, wie das Kollagen in der Haut oder die Keratine in Haaren, Krallen und Schnäbeln. Andere Proteinverbindungen spielen eine wichtige Rolle als Enzyme, d. h. als Katalysatoren biochemischer Reaktionen. Alle Proteine bestehen aus Ketten von Aminosäuren, deren Glieder die generelle Struktur der Abb. 4d haben. Hierin kann R mit verschiedenen Kombinationen der Elemente C, O, H, N vertreten sein. Die Bezeichnung „Protein" ist den einschlägigen Verbindungen mit hohem Molekulargewicht vorbehalten. Die Untereinheiten von geringerem Molekulargewicht (<10000) heißen „Peptide". Sie enthalten zwischen zwei und hundert Aminosäure-Bausteine (vgl. Abb. 23, S. 30).

In fossilen Kalkschalen der Weichtiere sind Proteine zuweilen noch nachweisbar, z. B. das Strukturprotein *Conchiolin*, das am organischen Gerüst der Schale wesentlichen Anteil hat [72]. In Schalen jüngeren Alters ist das Conchiolin sogar noch in seinen verschiedenen Varianten erhalten und identifizierbar. Das hat sich zum Beispiel an fossilen Gehäusen der Schnecke *Gyraulus* gezeigt, wie sie sich in großer Formenvielfalt in den jungtertiären Ablagerungen des Steinheimer Beckens finden (36). Man kann hier verfolgen, wie die Gehäuse über die Generationen hinweg ihre

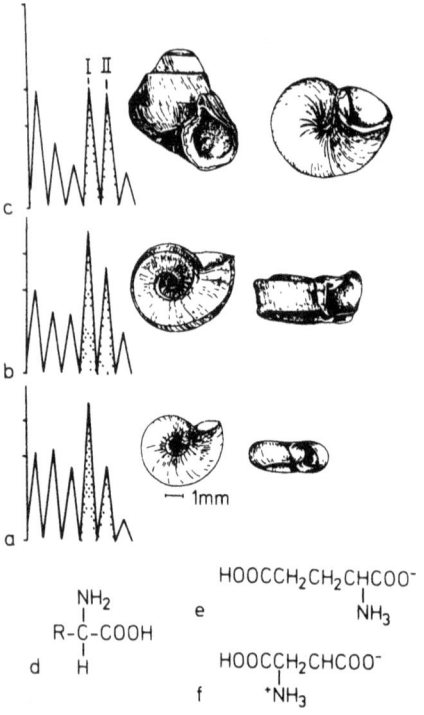

Abb. 4. Die Schnecke *Gyraulus* aus dem Jungtertiär des Steinheimer Beckens mit drei Vertretern einer stammesgeschichtlichen Abfolge *(a–c)*. Die Diagramme links neben den Bildern zeigen die aus den Schalen ermittelten Gehalte an Asparagin *(II)* und Glutamin *(I)*. Das Mengenverhältnis beider Komponenten verändert sich in der Umbildungsfolge. *(d)* Grundstruktur der Aminosäuren, *(e)* Glutaminsäure, *(f)* Asparaginsäure. *(a–c)* Nach Degens & Schmidt (1966)

Form wandeln und sich so den jeweiligen Umweltbedingungen anpassen (Abb. 4).

Ein solcher Formenwandel muß nicht unbedingt genetisch gesteuert sein [97], aber die chemischen Analysen sprechen dafür, daß genetische Änderungen im Spiel sind. Auf der Grundlage der Aminosäure-Spektren konnte man die aus einer Schichtfolge aufgesammelten Schneckenfunde zu einer biochemischen Evolutionsreihe ordnen. Diese wiederum ließ sich mit der aus den morphologischen Merkmalen erstellten Evolutionsreihe gut zusammenbringen. Eine Schlüsselrolle in der chemischen Analyse spielt dabei die Asparaginsäure (Abb. 4f), eine im Conchiolin enthaltene Aminosäure. Sie hat im lebenden Organismus wichtige Funktionen beim Zusammenbau der Kalkschale. Es zeigt sich, daß die Schnecke *Gyraulus* im Verlauf ihrer Evolutionsfolge anfangs weniger, später zunehmend mehr Asparaginsäure produziert hat (Abb. 4, II).

Proteine oder ihre Zersetzungsprodukte sind gelegentlich noch in *Saurier-Knochen* des Erdmittelalters erhalten. In einigen der untersuchten Beispiele fanden sich noch dieselben Aminosäure-Muster wie sie auch heute für Reptilknochen typisch sind. Auch in den fossil erhaltenen Eiern der Saurier hat man protein-ähnliche Restsubstanzen aufgespürt [73, 85, 201].

Für die Paläontologie bringen solche Nachweise zunächst nicht mehr Information als ohnehin schon durch den morphologischen Befund angezeigt. Aber in einem Fall konnte die chemische Analyse zur Deutung einer ausgestorbenen Tiergruppe entscheidend beitragen. Es handelt sich um die *Graptolithen,* eine Gruppe seltsamer tierischer Lebewesen, die in Kolonien und Schwärmen durch die Ozeane drifteten und dort im frühen Erdaltertum eine weite Verbreitung hatten. Von diesen Organismen sind nur die winzigen becherförmigen Körpergehäuse erhalten, die meist zu vielen an einer Achse aufgereiht sind (Abb. 5 unten). Um welche Art Tiere es sich handelt, war lange Zeit strittig. Durch chemische Analysen ist es gelungen, in den Wänden der Gehäuse Aminosäuren nachzuweisen und zwar solche, die auf Gerüstproteine deuten. Unter dem Elektronenmikroskop wurde stellenweise noch eine quergestreifte Faserstruktur sichtbar, wie sie für das Gerüstprotein Kollagen charakteristisch ist (Vgl. Abb. 23a, S. 30). Früher hat man die Substanz für Chitin gehalten. Die neue Analyse unterstützt die auch aus der Morphologie gut begründbare Deutung, wonach die Graptolithen den Flügelkiemern *(Pterobranchiern)* einer Gruppe der Halbsaitentiere *(Hemichordaten)* nahestehen (Florkin in [43], 187).

Solche chemischen Befunde mit diagnostisch wichtiger Aussage sind heute noch Ausnahmen. Oft ist Vorsicht geboten bei der Auswertung des Befundes. Da Aminosäuren löslich sind, können sie auch leicht mit dem Grundwasser verschleppt und so ins Fossil eingebracht sein. In präkambrischen Sedimenten sind Aminosäuren allemal nur in Spuren enthalten

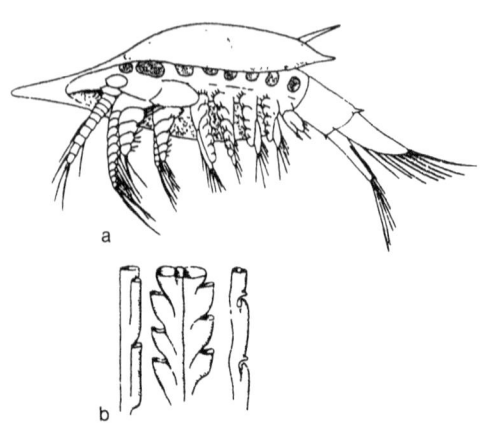

Abb. 5. (a) Walossekia, ein Kleinkrebs aus dem Kambrium von Schweden mit phosphatisiert erhaltenen Weichteilen. Länge ca. 0,9 mm (nach K.J. Müller, 1983). *(b)* Gehäuseformen der Graptolithen vom Leptograptus-Typ. Breite ca. 4 mm. Nach A. H. Müller aus Krumbiegel (1981)

und folglich leicht mit Verunreinigungen unkontrollierbaren Ursprungs zu verwechseln (vgl. Abb. 2).

Das *fossile Schicksal der Proteine* ist weitgehend von den äußeren Umständen bestimmt. Günstig für die Erhaltung ist es, wenn dem abgelagerten Kadaver bald und gründlich alles Wasser entzogen wird. Organische Substanz erhält sich gut in Trockenmumien, wie man sie in Höhlen wärmerer Klimazonen findet. In Maiskörnern, die unter trockenen Verhältnissen in einer Höhle von New Mexiko über 4000 Jahre gelagert haben, zeigten sich die Proteine noch unverändert, zum Keimen ließen sich die Körner aber nicht mehr bringen. Offenbar war der Embryo über die lange Lagerungszeit geschädigt worden. In argentinischen Höhlen dagegen hat sich ein ca. 600 Jahre altes Samengut gefunden und als noch keimfähig erwiesen [85].

Die wirkungsvollste Art der Protein-Konservierung ist Gefrieren. Dabei können die Weichteile ohne sichtbare Veränderung erhalten bleiben. Ein bekanntes Beispiel sind die Funde der im sibirischen Bodeneis eingefrorenen Kadaver des Mammuts. Bei ihnen zeigten sich Muskulatur, innere Organe und sogar das Blut frisch erhalten [120].

Bei Anwesenheit von Bodenfeuchtigkeit können sich abgelagerte Proteinstoffe schnell und vollständig zersetzen. Selbst das in Kalkschalen eingebaute organische Material wird durch eindringendes Porenwasser bald angegriffen. Hier vorhandene Zucker und Aminosäuren reagieren miteinander und bilden organische Polymere von hohem Molekulargewicht (s. Tabelle 9, S. 78).

An der Umsetzung hat die örtliche Bakterienflora wechselnden Anteil. Das zeigen Beispiele aus Kreideschichten. In einem Fall waren noch Glykoproteine in der löslichen Fraktion der Muschelschalen nachzuweisen und zwar mit dem Aminosäure-Muster, wie es vergleichbaren Vertetern aus der heutigen Welt entspricht. In einem anderen Fall, bei Ammonitengehäusen, zeigten sich die Aminosäure-Spektren durch bakterielle Umwandlung stark verändert. Im dritten Fall, bei einigen Belemniten wiederum erschienen sie relativ unbeeinflußt [194, 195, 198, 201].

Manchmal können solche stofflichen Prozesse ablaufen, ohne daß sich die organischen Feinstrukturen verändern. Ein Beispiel dafür kennt man von devonischen *Trilobiten* Nordamerikas. In deren Hautpanzer fand sich das Feingefüge der Kalkkristalle und die Struktur der organischen Matrix mit allen Details erhalten. Aber keine Spur von Aminosäuren und Chitin oder deren Produkte war in der Analyse nachweisbar. Die organische Matrix war vollständig zu Kerogen umgewandelt [181].

Ein noch erstaunlicheres Beispiel kommt aus dem Alttertiär. Hier konnte man aus gut erhaltenen *Fischen* einige Überreste des Muskelgewebes isolieren. Präparate davon ließen im Mikroskop noch Einzelheiten der charakteristischen quergestreiften Muskelfibrillen erkennen. Überraschenderweise war aber der Test auf organische Substanzen negativ. Wie sich herausstellte, bestehen diese Gewebestrukturen nur aus Kieselsäure und Eisenverbindungen. Diese Stoffe sind als Lösung eingedrungen, haben im Verlaufe der Fossilisierung die Weichteilsubstanzen verdrängt und strukturbildend ersetzt, und das bis in die mikroskopischen Details getreu.

Mithilfe von Röntgenaufnahmen hat man im devonischen Dachschiefer des Hunsrücks die Weichteile fossiler Tierkörper in Einzelheiten sichtbar machen können [164]. Die erhaltenen Strukturen bestehen auch hier nicht mehr aus der ursprünglichen organischen Substanz, sondern aus Pyrit und anderen Umwandlungsprodukten. Bei der Fossilisation müssen also Stoffaustausch-Prozesse in struktur-erhaltender Weise abgelaufen sein.

Ähnlich kann eine Imprägnation mit Phosphat die Körperstrukturen konservieren. Ein Beispiel sind die phosphatisierten Weichkörper von Krebsen aus dem Kambrium, die im Detail überliefert sind (Abb. 5a), [121].

Auch gesättigte Salzsolen, Erdwachse und Asphalte sind häufig als Konservierungsmittel wirksam. So hat sich in Ölsanden von Galizien, eingepökelt in einer Lauge aus Salzwasser und Erdöl, ein *Nashornkadaver* mitsamt der Haut erhalten. Als Erdwachs bezeichnet man den zähplastischen Rückstand paraffinreicher Erdöle, Aphalt ist der Rückstand der asphaltischen Öle. Wo solche Produkte an der Erdoberfläche austreten, bilden sich klebrige Wachs- oder Asphalt-Tümpel. Für die Lebewelt sind das gefährliche Fallen, in denen Tiere leicht stecken bleiben und versinken. Aus dem Asphaltsee von Rancho LaBrea in der Nähe von Los Angeles hat man zahlreiche Reste eiszeitlicher Tiere geborgen, zum Beispiel den ausgestorbenen Säbeltiger und den Riesenwolf in mehreren tausend Exemplaren, dazu auch viele Vögel und anderes [120]. In diesen Kadavern findet sich stellenweise das Körperprotein Kollagen erhalten vor. Unter dem Elektronenmikroskop sind die Kollagenfasern noch an ihrer typischen 600 Å Querstreifung erkennbar (vgl. Abb. 23, S. 30). In der chemischen Analyse konnten die für Kollagen typischen Aminosäuren identifiziert werden [85].

Kohlenhydrate und Lignine – Zeugnisse versunkener Floren

Kohlenhydrate spielen im Organismus eine vielfältige Rolle, als Energiequelle, Nahrungsreserve und Baumaterial. Die meisten Kohlenhydrate haben die generelle Formel $C_n(H_2O)_n$. Die einfacheren Vertreter sind in Wasser löslich und dienen deshalb der Zelle zur schnellen Energieversorgung, die höhermolekularen Formen (Polysaccharide), wie Cellulose und Pektin finden als Strukturmaterial in Pflanzen und Tieren vielfach Verwendung (Abb. 6). Cellulose ist vermutlich das am weitesten verbreitete Kohlenhydrat der irdischen Biosphäre. Es ist dies ein linear aufgebautes Polymer, das sich aus zwei Untereinheiten zusammensetzt. Cellulose kann als typisches Produkt der Pflanzen gelten, findet sich aber zuweilen auch

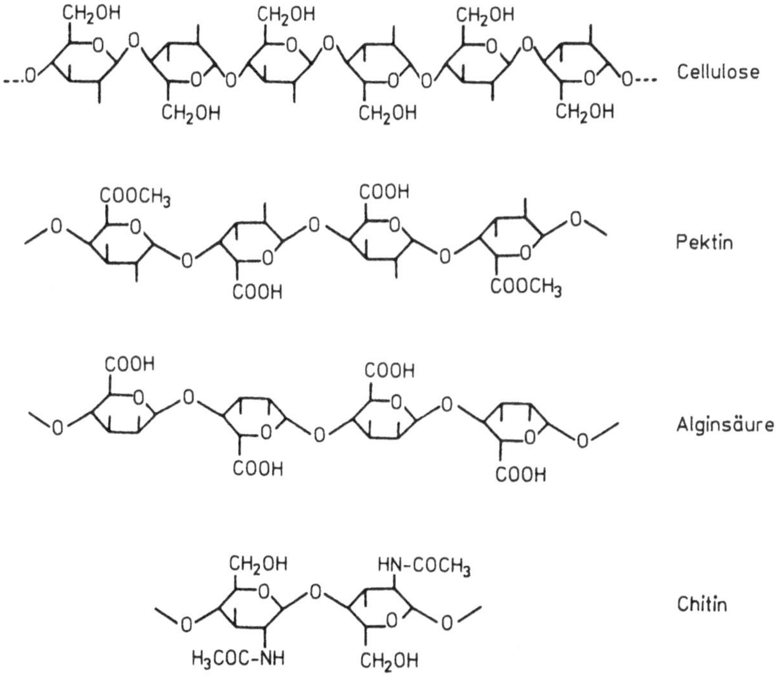

Abb. 6. Wichtige Polysaccharide und deren Abkömmlinge

bei Tieren, z. B. in Manteltieren (Tunicaten) und im Bindegewebe der Säugetiere. Neben diesem kommen noch viele andere Polysaccharide in Geweben, Eiern und Sekretschleimen der Tiere vor. Höhere Pflanzen erzeugen die meiste Cellulose, während verschiedene Algen und Tange ganz ohne Cellulose sind. Für Pilze ist Chitin das prinzipielle Wandmaterial. Oft tritt Chitin vergesellschaftet mit anderen Polysacchariden, Proteinen oder anorganischen Salzen auf. Cellulose und Chitin haben ähnliche Strukturen. So ist Cellulose aus Glukose-Einheiten, Chitin aus Glukosamin-Einheiten aufgebaut. Braunalgen bestehen zu 40% der Trockenmasse aus Alginaten. Das sind Salze der Alginsäure, die sich durch eine besonders hohe Gelierfähigkeit auszeichnen. Pektin, ebenfalls ein Kohlenhydrat und wie Alginsäure ein Polyuronid, findet sich viel in höheren Pflanzen wie auch in Bakterien (Abb. 6). Polyuronide sind Polysaccharide mit mehr oder weniger freien Carboxyl-Gruppen als Säurefunktion.

Fossil sind die meisten Kohlenhydrate, wie auch die *Cellulose* von wechselnder Beständigkeit, die sehr von den jeweiligen Gegebenheiten abhängt. Das zeigen Beispiele aus der Menschheitsgeschichte. In den Faserhüllen der ägyptischen Mumien läßt die Cellulose schon deutlich Spuren von Depolymerisation erkennen. Andererseits hat man in den Mumienkörpern selbst noch die Blutgruppen bestimmen können, deren Trägersubstanz ebenfalls aus Kohlenhydraten besteht (Vallentyne in [18]).

Unter bestimmten Bedingungen ist Cellulose über geologische Zeiten erhaltungsfähig, so wenn sie in aushärtenden Medien wie Harz oder Kieselsäure versiegelt wird. Cellulose ist in Holzsplittern, die im Bernstein eingeschlossen sind, und in verkieselten Hölzern nachgewiesen worden [18], sogar noch in einer verkieselten Alge der Steinkohlenzeit, die auf dem Stamm eines Baumfarns siedelte [127].

Selbst in *kohligen Meteoriten,* deren Alter auf 4600 Millionen Jahre bemessen wird, sind neben freien Aminosäuren auch Zucker in freier und kombinierter Form gefunden worden, allerdings in sehr geringen Konzentrationen [124]. Möglicherweise sind sie irdische Verunreinigungen, also nicht extraterrestrische Produkte. Mehr gesichert erscheint ein Nachweis aus den ca. 2700 Millionen Jahre alten Stromatolithen von Bulawayo (Simbabwe) [125]. Hier wurden unter anderem Furosen und verwandte Stoffe isoliert, wie sie als Umwandlungsprodukte aus Polysacchariden entstehen können (Abb. 8). Tatsächlich fanden sich in denselben Sedimenten fossile Zellorganismen, aus deren Wandmaterial die Verbindungen stammen könnten (Abb. 7).

Etwas besser als Cellulose erhält sich *Chitin,* besonders wenn es in einem sauren und anaeroben Medium eingebettet ist. In fossilen Insektenflügeln tertiären Alters hat man noch Glukosamine nachgewiesen, wie sie sich als Zersetzungsprodukte des Chitins (des natürlichen Polymers von n-

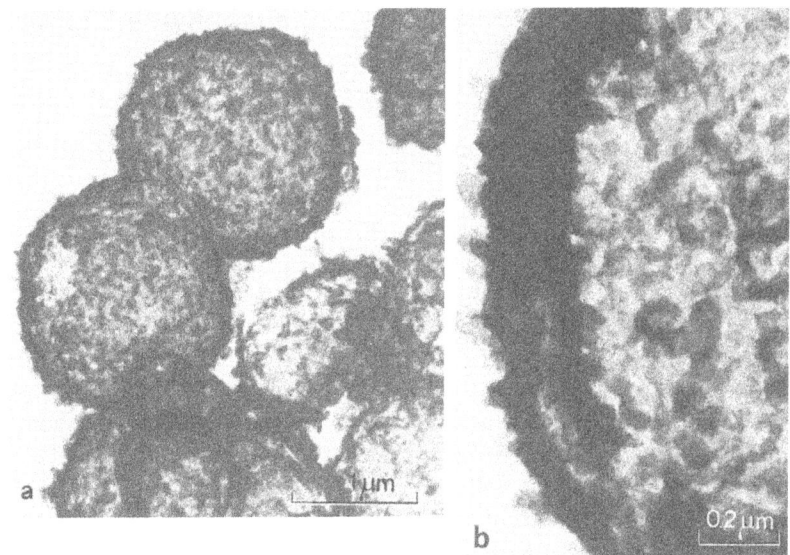

Abb. 7a, b. Organische Mikrofossilien aus dem Stromatolith von Bulawayo (Simbabwe), Alter ca. 2700 Millionen Jahre. *(b)* Vergrößerter Ausschnitt der Zellwand. Die Funde sind den Cyanobakterien (Blaubakterien) zuzuordnen

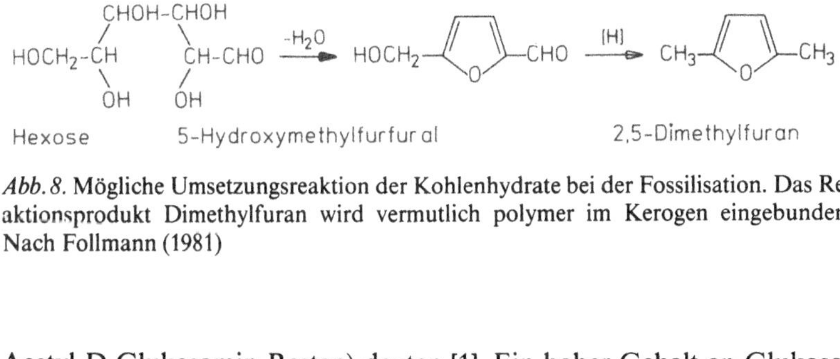

Abb. 8. Mögliche Umsetzungsreaktion der Kohlenhydrate bei der Fossilisation. Das Reaktionsprodukt Dimethylfuran wird vermutlich polymer im Kerogen eingebunden. Nach Follmann (1981)

Acetyl-D-Glukosamin-Resten) deuten [1]. Ein hoher Gehalt an Glukosaminen hat sich auch in den Zysten der Dinoflagellaten aus der Kreidezeit nachweisen lassen. Daraus ist zu schließen, daß Chitin ein wichtiger Bestandteil in der Zellwand dieser fossilen Organismen war [8]. Dinoflagellaten bilden ein Hauptelement des Phytoplanktons der Meere und Binnengewässer. Im alttertiären Süßwassersee von Messel zum Beispiel scheinen sie weit verbreitet gewesen zu sein, das ist mit der chemischen Analyse des Faulschlamm-Sediments angezeigt [67]. Aus dem Gestein hat man verschiedene für Dinoflagellaten charakteristische Sterole isoliert, interessan-

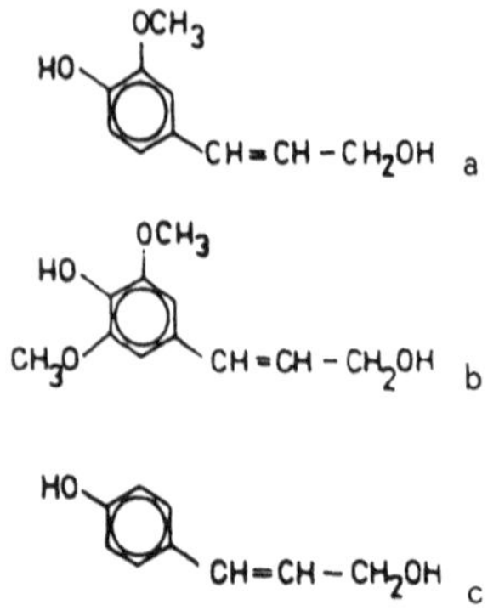

Abb. 9a–c. Wichtige Komponenten des Lignins.
(a) Coniferylalkohol, (b) Sinapylalkohol,
(c) Kumaralkohol

terweise auch Ethylester, wie sie zwar nicht von Dinoflagellaten aber von bestimmten Pilzen produziert werden, die als Parasiten auf Dinoflagellaten schmarotzen (Abb. 33 a, b, S. 57).

Lignin macht einen wesentlichen Bestandteil des Holzes aus. Es formt hier ein dreidimensionales Netzwerk zwischen den Cellulosefasern. Bezeichnend für den Baustoff sind seine aromatischen (phenolischen) Strukturen. Nur Pflanzen, nicht aber Tiere können solche Verbindungen produzieren. Im Prinzip ist Lignin ein hochmolekulares Polyphenol, dessen Einheiten aus Derivaten des Phenylpropans zusammengesetzt sind. In Pflanzen werden Lignine durch Dehydrierung und Kondensation aromatischer Alkohole wie Koniferyl-, Sinapyl- und Kumar-Alkohol erzeugt (Abb. 9). Die aromatischen Strukturen machen die Substanz sehr resistent gegen Zersetzung (Abb. 34 c, S. 61). Über ihre paläontologische Bedeutung wird später noch gesprochen.

Lipide, die Ahnen des Erdöls und Bernsteins

Als Lipide bezeichnet man eine Gruppe unterschiedlicher Naturstoffe, die alle im Wasser unlöslich, aber in Aether, Benzol und ähnlichen Flüssigkeiten löslich sind. Alle haben auch ein niedriges O/H-Verhältnis. Das macht sie geologisch stabil, mehr als z. B. die Zucker. Ein Lipid-Molekül bleibt praktisch intakt, auch wenn bei der Fossilisation alles Wasser aus seiner Umgebung entzogen wird. Lange unverzweigte Ketten aus Methylen-Gruppen($-CH_2-$) sind die auffälligsten Komponenten vieler Lipide; sie haben größte Widerstandskraft gegen Zersetzung [117]. Soweit Lipide als Energievorrat im Organismus angelegt sind, werden sie oft als Fette und fette Öle bezeichnet. Praktisch kommen sie in allen Zeiten vor. Phospholipide unterscheiden sich grundsätzlich von einfachen Fetten dadurch, daß sie eine Phosphorsäure-Gruppe und häufig Stickstoff enthalten. Sie bilden u. a. das wesentliche Baumaterial der Zellmembran (Abb. 65, S. 113). Eine andere Gruppe der Lipide stellen die *Wachse* dar, aus denen die Schutzüberzüge gebildet sind, wie sie vielfach die Körperoberfläche der Lebewesen bedecken, zum Beispiel die Blätter der Pflanzen und das Gefieder der Vögel. Andere tierische Wachse sind Walrat, Bienenwachs und Schellack. Wachse können verschiedenste Stoffgruppen enthalten, wie Ester, Alkohole, Ketone und Kohlenwasserstoffe.

Die *echten Fette* oder Triglyzeride (Abb. 10) bilden eine ziemlich gut definierbare Gemeinschaft von einheitlicher Grundstruktur, in denen sowohl gesättigte wie auch ungesättigte Kohlenwasserstoffketten vertreten sein können. Die gesättigten Vertreter tendieren zur Bildung fester Fette, die ungesättigten mehr zu flüssig-öligen Zuständen. Letztere sind fossil weniger gut erhaltbar. Behandlung mit Alkalien führt zur Bildung von neutralem wasserlöslichem Glycerin einerseits und Seifen andererseits, die dann bei Behandlung mit Mineralsäuren in freie Fettsäuren übergehen (Abb. 10a). Ihre Biosynthese geht von Acetat (C_2)-Einheiten aus und führt dann vorwiegend zu unverzweigten langkettigen Carbonsäuren mit gerader Zahl von C-Atomen, entsprechend der Formel $CH_3-(CH_2)_n-COOH$. Fettsäuren der natürlichen Fette haben also stets eine gerade Zahl von Kohlenstoffatomen, weil sie biochemisch aus C_2-Einheiten (Acetat-Einheiten) aufgebaut werden. Am häufigsten sind Fettsäuren mit 16 und 18 Kohlenstoff-Atomen. Palmitinsäure (C_{16}) ist in Pflanzenfetten, Stearina   TRIGLYCERIDE   GLYCEROL   FETTSÄURE (NATRIUM SALZ)

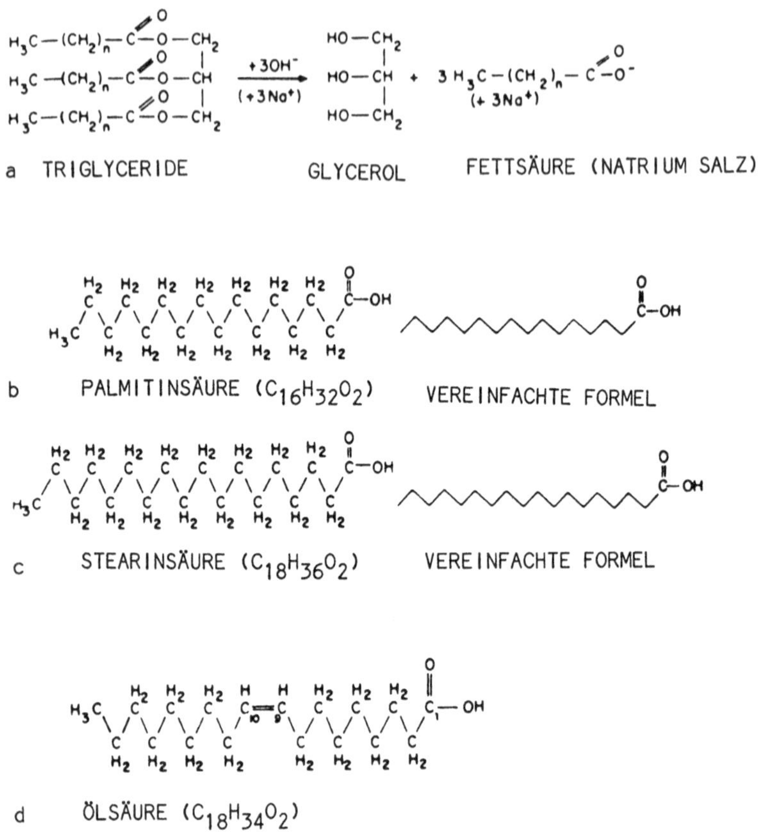

b   PALMITINSÄURE ($C_{16}H_{32}O_2$)   VEREINFACHTE FORMEL

c   STEARINSÄURE ($C_{18}H_{36}O_2$)   VEREINFACHTE FORMEL

d   ÖLSÄURE ($C_{18}H_{34}O_2$)

Abb. 10. (a) Reaktion von Glyzeriden zu Fettsäuren. *(b–d)* Wichtige Fettsäuren der Lebewesen. Nach Tissot & Welte (1978)

säure (C_{18}) in Tierfetten verbreitet (Abb. 10b, c). Ungesättigte Fettsäuren sind in Pflanzenölen häufig. Fette und fette Öle haben einen besonders hohen Energiegehalt und werden deshalb, anders als die Zucker, mehr zur langfristigen Bevorratung in der Zelle gespeichert.

Generell herrschen bei gesättigten Fettsäuren Ketten von 16 Kohlenstoff-Atomen oder weniger vor. Kettenlängen von 18 und mehr Kohlenstoff-Atomen dagegen sind besonders unter den ungesättigten Fettsäuren vertreten, von denen die Ölsäure besonders verbreitet vorkommt (Abb. 10d).

Lipide der Algen gelten als hauptsächliches Ausgangsmaterial des *Erdöls*. Es sind dies vor allem die echten Fette (Triglyzeride), die sowohl gesättigte wie ungesättigte Fettsäuren enthalten. Hinzu kommen noch nicht-

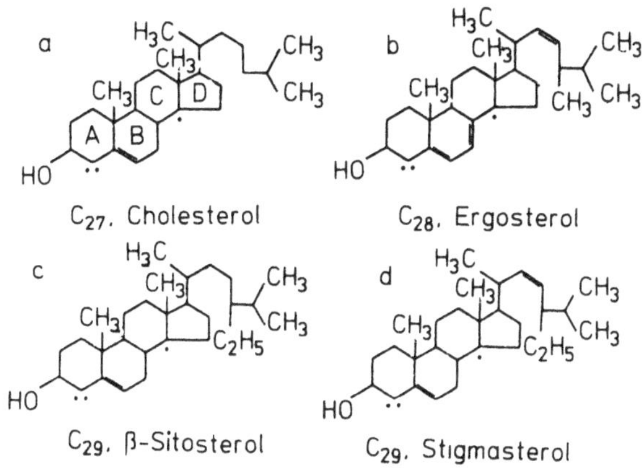

Abb. 11. Cholesterol *(a)* kommt in Tieren und Pflanzen vor, Sitosterol *(c)* und Stigmasterol *(d)* in Pflanzen, Ergosterol *(b)* ist von Algen und Hefepilzen bekannt. Nach Tissot & Welte (1978)

verseifbare Fraktionen, wie die Sterole (Abb. 11). Fucosterol ist ein typisches Produkt der Braunalgen, Cholesterol kommt gleichermaßen bei Algen und Tieren vor. Algen häufen gelegentlich enorme Mengen an Fettstoffen in ihrem Körper an. Das geschieht aber nicht in gleichbleibenden Mengen, sondern ist den Umweltbedingungen entsprechend angepaßt. So kann der Fettgehalt in einer Zelle zwischen 20% und 77% (der Trockenmasse) schwanken. Eine besonders starke Anreicherung mit Fetten, d. h. eine starke Aufstockung des Reservestoff-Vorrates findet in Ausnahmezeiten, z. B. in Kälteperioden, bei Stickstoffmangel oder bei Wasserverlust durch Austrocknung statt.

Bei Tieren gibt es einige charakteristische Unterschiede in den Lipidgehalten. Wirbellose Tiere der niederen Kategorien enthalten viel mehr unverseifbares Lipid-Material als die höheren, und diese wiederum mehr als die Wirbeltiere (Tabelle 3). Bei letzteren besteht das meiste aus Triglyzeriden, während solche bei Wirbellosen höchstens die Hälfte der Ge-

Tabelle 3. Typische Gehalte an nicht-verseifbaren Lipiden in wirbellosen Tieren. (Nach Bergmann aus [18])

Gruppe	% der Gesamtlipide
Einzeller, Schwämme, Hohltiere	35–37
Ringelwürmer	22
Krebse, Weichtiere, Stachelhäuter	13–19

samtmenge ausmachen. Wachse sind besonders in Hohltieren (Coelenteraten) enthalten. Diese bestehen übrigens manchmal zu einem Drittel ihrer Trockenmasse aus Lipiden.

Wachs ist als Ester einer höheren alipathischen Säure und eines höheren aliphatischen Alkohols definiert. Ein Beispiel ist Cetyl-Palmitat, ein verbreiteter Bestandteil in wirbellosen Tieren des Meeres. Hochmolekuläre Wachse sind u. a. die grundlegenden Komponenten der Pflanzenkutikel, wie sie Blätter, Früchte und Sprosse der Landpflanzen außen überziehen (Abb. 36, S. 65). Sie sind teils aliphatischer, teils terpenoidischer Natur. Zu den Terpenoiden gehört z. B. das Triterpen Betulin, das u. a. reichlich in der Borke der Weißbirke vorkommt (Abb. 12) (s. unten). Die Wachse heutiger höherer Pflanzen zeigen eine deutliche Vorherrschaft der ungeradzahligen n-Alkane und eine Tendenz zu höheren Molekulargewichten mit den Komponenten n-C_{27}, n-C_{29}, n-C_{31}, n-C_{33}. Solche n-Alkane sind auch verbreitete Bestandteile der Sedimente und leiten sich dann meist von Landpflanzen ab, weil sie dort eben als wichtige Bestandteile der Pflanzen-Kutikula vorkommen (Abb. 36, S. 65). In ihrem Mengenverhältnis sind sie oft für eine Pflanzengruppe spezifisch. Auch in die Kutikula werden die Ketten mit ungerader Anzahl Kohlenstoff-Atomen bevorzugt eingebaut. Wenn man also solche im Sediment angereichert findet, so weist das auf eine Landpflanze hin, denn Algen bilden durchweg keine Wachsüberzüge aus. *Fossile kutikulare Substanzen* lassen sich bis ins Erdaltertum hin, sogar bis nahe an den Ursprung der Landpflanzen zurückverfolgen. Sie gehören zu den besonders reaktionsträgen Verbindungen, die lange geologische Perioden überdauern können.

Das hat sich anschaulich mit der Analyse *eines fossilen Schachtelhalmes* aus der Buntsandstein-Zeit gezeigt [2]. Die im Fossil enthaltenen Alkane entsprechen nach Art und Verteilung ganz denen des rezenten Schachtelhalmes. So ist der Buntsandstein-Fund durch dieselben ungeradzahligen Alkane (n-$C_{22} H_{48}$, n-$C_{25} H_{52}$ und n-$C_{27} H_{56}$, n-$C_{29} H_{60}$) charakterisiert wie der heutige Waldschachtelhalm (Abb. 13).

Ein ähnliches Beispiel stammt vom fossilen Nadelbaum *Voltzia* aus der Trias. Bei ihm enthielt die Alkan-Fraktion etwa 0,01% n-Occtosane

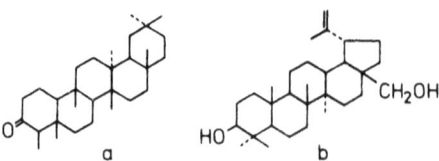

Abb. 12. (a) Friedelin, (b) Betulin, zwei im Pflanzenreich weit verbreitete Triterpene. Nach Albrecht & Ourisson (1971)

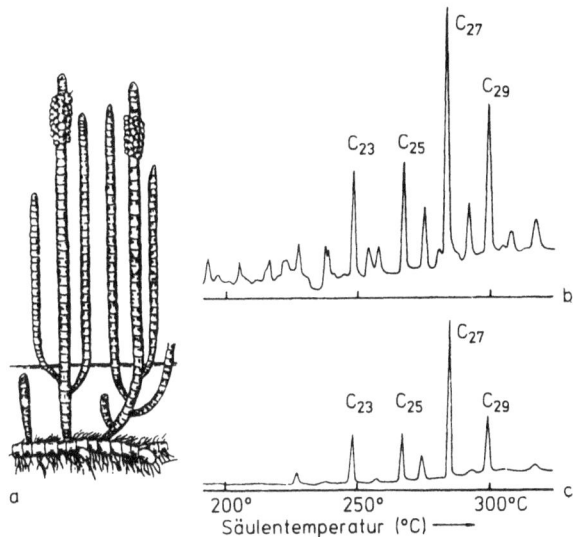

Abb. 13. (a) Rekonstruktion von *Equisetites arenaceus*, ein bis zu 6 m hoher Schachtelhalm aus dem mittleren Keuper, *(b, c)* Gaschromatogramme der aliphatischen Kohlenwasserstoffe aus dem fossilen Schachtelhalm *Equisetum brongnarti (b)* und dem rezenten Waldschachtelhalm E. silvaticum *(a)*. Die Spektren sind einander ähnlich. *(a)* Nach Frentzen aus Krumbiegel & Walter (1977), *(b, c)* nach Ourisson aus Follmann (1981)

(Knocke in [15]). Diese kommen oft als wesentliche Komponenten im Nadelwachs heutiger Koniferen vor, z. B. in dem der Sumpfzypresse. In *Voltzia* findet sich auch der Kohlenwasserstoff n-$C_{28}H_{58}$. Er scheint ein Fossilisationsprodukt zu sein, das sich vermutlich durch Reduktion aus den primären Alkoholen n-$C_{27}H_{55}CH_2OH$ gebildet hat, wie sie in heutigen Nadelbäumen enthalten sind. In der rezenten Kutikula werden auch unveresterte freie und langkettige Alkohole mit gerader Anzahl von Kohlenstoffatomen gebildet. Fossil sind diese nicht so dauerhaft, halten sich allenfalls noch bis in Schichten des Alttertiärs.

Ein einschlägiges Beispiel betrifft den alttertiären Ölschiefer von Messel (bei Darmstadt). Aus dem Gestein konnten langkettige unverzweigte Diole isoliert werden, wie sie heute bezeichnenderweise als Bestandteil in den Blatthäuten tropischer und subtropischer Pflanzen vorkommen [65]. Damit ist indiziert, daß zu dieser Zeit das Klima in Mitteleuropa erheblich wärmer war als heute. Für diese Annahme sprechen auch zahlreiche Indizien anderer Art. Außer den typischen Lipiden gibt es eine Anzahl lipidähnlicher Bestandteile, wie die wasserunlöslichen Pigmente, die schon erwähnten *Terpenoide* und die Steroide, sowie komplexe Fette wie die Phospholipide und Phosphatide. Ein wichtiger biochemischer Baustein

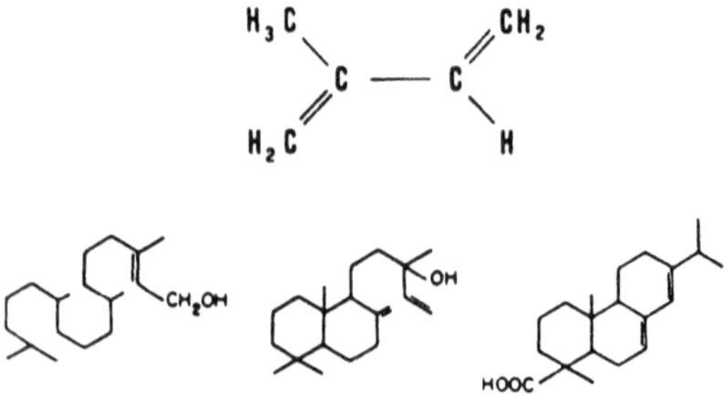

Abb. 14. (Oben) Struktur einer Isopren-Einheit. *(a–c)* Strukturbeispiele der Diterpenoide. *(a)* Acyclisch (Phytol), *(b)* dicyclisch (Manool), *(c)* tricyclisch (Abietinsäure). Diterpenoide sind verbreitete Bestandteile in höheren Pflanzen. Nach Tissot & Welte (1978)

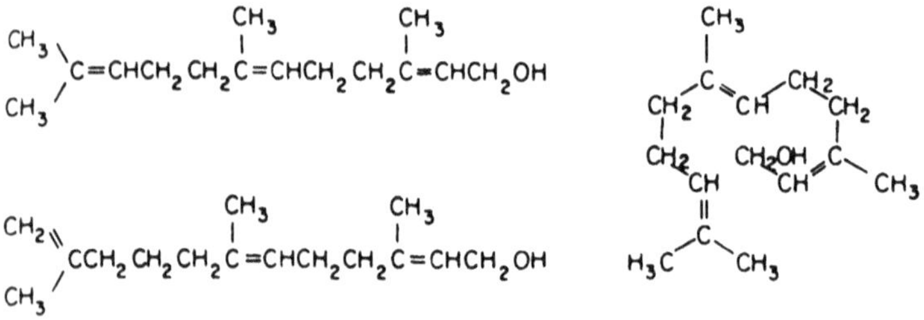

Abb. 15a, b. Strukturbeispiele des Sesquiterpens Farnesol, eines in höheren Pflanzen und Bakterien verbreiteten Isoprenoid-Alkohols. *(a)* Natürlich vorkommende Isomeren des Farnesols, *(b)* Farnesol als Vorläufer dizyklischer Sesquiterpene. Nach Tissot & Welte (1978)

vieler dieser Komponenten ist die Isopren-Einheit, die sich aus fünf C-Atomen zusammensetzt (Abb. 14 oben). Moleküle mit zwei Isopren-Einheiten heißen Terpene (oder Monoterpene, C_{10}), die mit drei Einheiten heißen Sesquiterpene (C_{15}) und die mit vier Einheiten Diterpene (C_{20}) usw. Tetraterpene (C_{40}) werden von acht Isopren-Einheiten aufgebaut (Abb. 15). Deren wichtigste sind die Carotinoid-Pigmente. Natürliche Gummistoffe der höheren Pflanzen (z. B. Kautschuk) sind Polyterpene. Auch Sporopollenin, ein Wandmaterial der Sporen und Pollen, läßt sich als Polyterpen definieren. Es bildet sich vermutlich aus der Polymerisierung von Carotinoiden (Abb. 48, S. 85). Triterpene und die verwandten Steroide stellen eine wichtige Gruppe cyclischer Isoprenoid-Verbindungen dar.

Einige Pflanzengruppen, wie Koniferen und Myrtengewächse erzeugen erhebliche Mengen von Terpenoid-Substanzen. Viele von ihnen sind im Vergleich zu den Körperwachsen relativ zersetzungsempfindlich. Immerhin hat man aus Braunkohlen des Miozäns (ca. 25 Millionen Jahre) die Triterpene *Friedelin* und *Betulin* isoliert (Abb. 12). Abbauprodukte von Betulin finden sich sogar noch im Erdöl [2].

Terpene sind besonders durch Diterpene z. B. das offenkettige Phytol ($C_{20}H_{40}O$), die tricyclische Abietinsäure ($C_{20}H_{30}O_2$) u.a. im Pflanzenbereich vertreten (Abb. 14a, c), daneben auch durch Monoterpene und Sesquiterpene. Diterpene sind vor allem im Harz der Koniferen enthalten. Kiefern und Araucarien erzeugen Harz in großen Mengen. In der Steinkohlenzeit hat der Corda-Baum ein dunkles harzartiges Sekret ausgeschieden, das vermutlich damals schon zur Abwehr von Schädlingen, besonders der Insekten diente. Die Chemie dieser Substanz ist noch nicht erforscht [15].

Die fossilen Harze haben vielfältige Bedeutung erlangt, hier besonders der *Bernstein,* ein von der Abietinsäure abgeleiteter Polyester. Der Paläontologe schätzt den Bernstein vor allem wegen seiner wohlerhaltenen Fossilieneinschlüsse (Abb. 16 u. 55, S. 92). Die im Harztropfen eingesiegelten

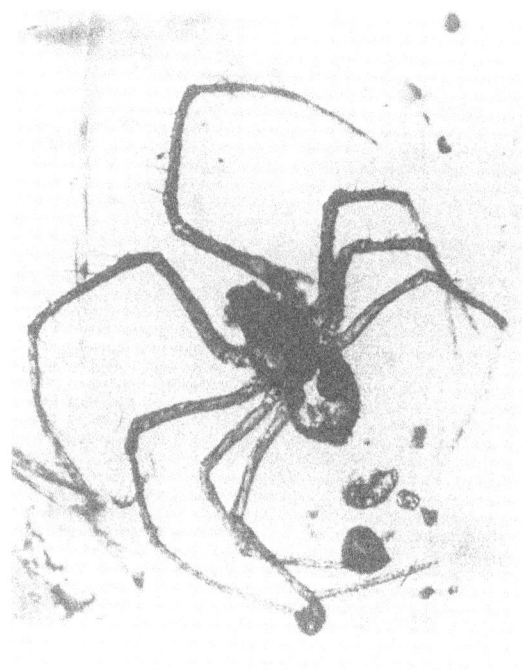

Abb. 16. Fossileinschluß einer Spinne im Clayborne-Bernstein von Arkansas (Mittel-Tertiär). Aus Saunders et al. (1974)

Pflanzenreste, Insekten oder anderen Kleintiere sind im Detail, oft sogar mit ihrer Körpersubstanz erhalten [94, 154]. Aber auch Bernsteine ohne Einschlüsse sind von paläontologischem Interesse, weil sich aus der chemischen Analyse ermitteln läßt, von welcher Pflanze der Fund stammt (Abb. 18).

Bei der Identifizierung sind die Infrarot-Spektren oft eine Hilfe, da die Harzvarietäten der verschiedenen Pflanzen das infrarote Licht in unterschiedlicher Weise absorbieren. Charakteristische Absorptionsbande finden sich vor allem im langwelligen Bereich zwischen 7 und 10 µm (1250–625 cm^{-1}). Angezeigt sind hier offenbar die verschiedenen Deformationsschwingungen der CO und >C-H-Gruppen (Abb. 17).

Reiche Bernsteinlager haben die tertiären Küstenwälder der Ostsee hinterlassen. Eine Theorie besagt, daß die Araucarien und Kiefern, die den baltischen Bernstein in riesigen Mengen erzeugt haben, möglicherweise an Succinosis, einer krankhaften Überproduktion von Harz gelitten ha-

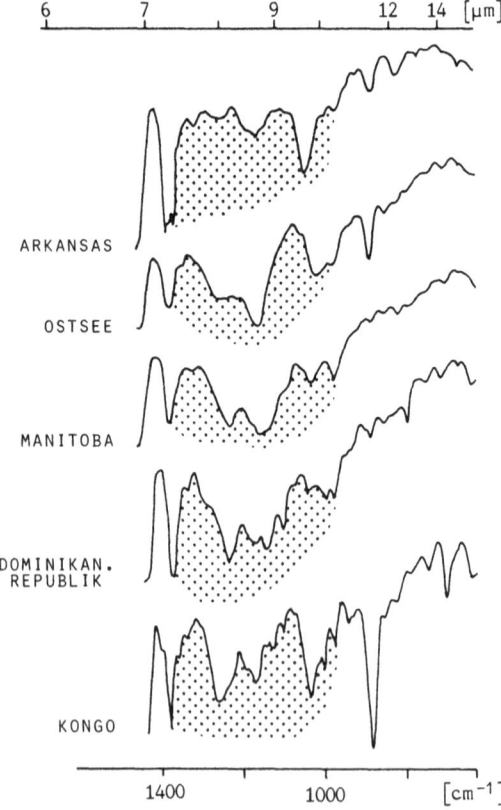

Abb. 17. Charakteristischer Spektralbereich *(punktiert)* nach dem sich Bernsteine verschiedener Herkunft unterscheiden lassen. Nach Saunders et al. (1974)

ben [15]. Aber exzessive Harzproduktion findet sich auch heute noch bei vielen tropischen Gewächsen. Gegenwärtig produziert etwa ein Zehntel aller Pflanzenfamilien mit irgendwelchen Vertretern Harze oder ähnliche Produkte. In unseren Breiten sind das hauptsächlich die Nadelhölzer, vor allem die Kiefern. Aber in den Tropen kommen viele andere Produzenten hinzu (Abb. 18) [187, 188].

Viel Aufmerksamkeit haben die verzweigten Kohlenwasserstoffe auch in der Sedimentchemie gefunden (Abb. 19, 20). Typische Chemofossilien sind die bereits erwähnten biologisch weit verbreiteten Terpene, Carotinoide und tetrazyklischen Sterine. Besonders eingehend ist in der Geochemie den langkettigen *Isoprenoid-Verbindungen* nachgespürt worden. Diese sind in Sedimenten aller Zeiten verbreitet, sogar in kohligen Meteoriten nachgewiesen. Am häufigsten kommen Moleküle ohne funktionelle Gruppen vor, manchmal sind solche mit Säure- oder Alkohol-Resten vertreten. Ein Häufigkeitsmaximum haben die fossilen Isoprenoide im Bereich der Kettenlängen C_{15} (Farnesan) bis C_{20} (Phytan), wobei allerdings

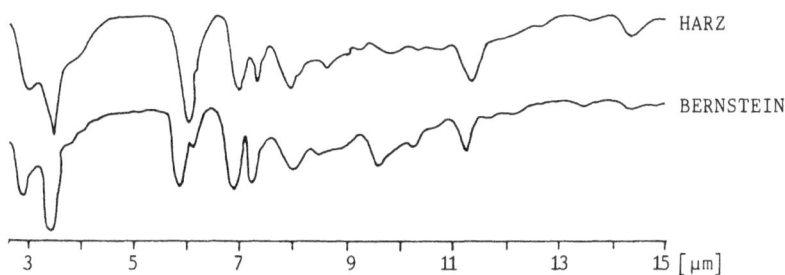

Abb. 18. Vergleich der Infrarotspektren eines rezenten Harzes vom tropischen Laubbaum *Hymenaea* (Hülsenfrüchtler) und eines Bernsteins aus der Dominikanischen Republik. Die Spektren stimmen weitgehend überein. Nach Langenheim aus Schlee & Glöckner (1978)

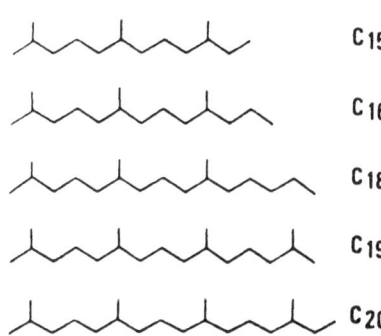

Abb. 19. Beispiele von Isoprenoid-Kohlenwasserstoffen, wie sie im Sediment und Erdöl vorkommen. Nach Tissot & Welte (1978)

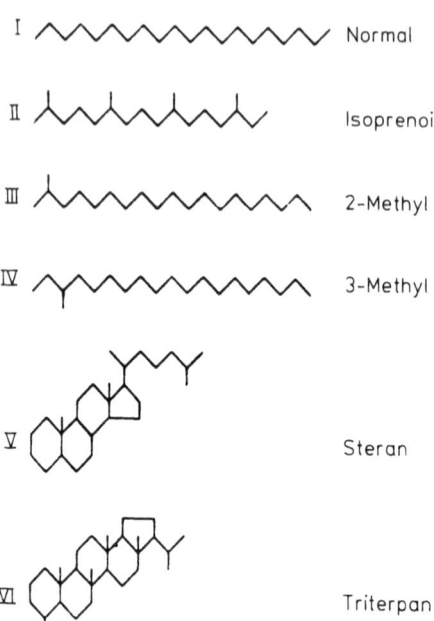

Abb. 20. Molekül-Strukturen von sechs Chemofossilien der gesättigten Kohlenwasserstoff-Gruppe. Die Verbindungen leiten sich vermutlich aus folgenden Produkten ab. *(I)* Normal: von Fettsäuren und Alkoholen. Solche kommen bei den meisten Mikroorganismen vor. *(II)* Isoprenoide mit weniger als 20 Kohlenstoffatomen stammen u. a. vom Chlorophyll. *(III, IV)* 2- und 3-Methyl-substitutierte Verbindungen stammen aus Fetten der Bakterien. *(V)* Sterane leiten sich von Sterolen der Zellkern-Organismen ab. *(VI)* Triterpane stammen aus Triterpenoid-Komponenten photosynthetischer Organismen. Aus Hoering (1975)

das C_{17}-Isoprenoid eine Ausnahme macht (Abb. 19). Pristan (C_{19}), Phytan (C_{20}), Farnesan (C_{15}) und die C_{16}, C_{18}-Isoprenoide sind also in Sedimenten besonders verbreitet, Phytan und Pristan leiten sich wohl überwiegend aus der Phytol-Seitenkette des Chlorophylls ab (Abb. 21). Ihren Ursprung haben sie folglich in Pflanzen, z. B. im Phytoplankton der Meere. Sie finden sich aber auch in den vom Phytoplankton abhängigen Tieren, z. B. im Zooplankton, in Fischen und Meeressäugern. Ein Teil der fossilen Isoprenoide könnte auch von Lipidstoffen der Urbakterien (Archäobakterien) stammen, einer eigenständigen Organismengruppe, die ihre Lipide abweichend von allen anderen Lebewesen aus Phytanglycerin-Äther zusammenbauen.

Viele Pigmente, d. h. organische Farbstoffe haben Lipid-Charakter. Das bestbekannte Beispiel sind die *Chlorophylle,* grüne Pigmente der

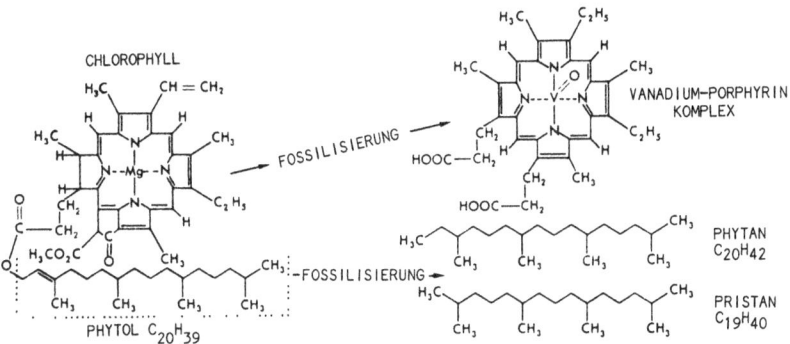

Abb. 21. Beispiel der geochemischen Umwandlung des Chlorophylls. Der Tetrapyrrol-Kern des Chlorophyll-Moleküls geht in einen Vanadium-Porphyrin-Komplex über. Aus der Phytol-Seitenkette des Chlorophylls entwickeln sich die Isoprenoid-Kohlenwasserstoffe Phytan und Pristan. Nach Schopf (1967)

Pflanzen, die als Katalysatoren in der Photosynthese eine wichtige Rolle spielen (Abb. 21). Solche haben sich noch in der alttertiären Braunkohle des Geiseltales bei Halle in ihrer grünen Farbe erhalten gefunden [116].

Normalerweise wird Chlorophyll aber im Sediment durch Dehydrierung und Stoffaustausch zu Nickel- und Vanadium-Porphyrinen umgewandelt. Diese sind geologisch sehr stabil, lassen sich im Erdöl, aber auch in vielen Sedimenten bis tief ins Präkambrium nachweisen (Vgl. Abb. 44, S. 79). Solche Gesteinsporphyrine könnten theoretisch zum Teil auch von Blutfarbstoffen der Tiere stammen, das weitaus meiste dürfte aber von Pflanzen kommen.

Auf Schalen fossiler Mollusken sind zuweilen Reste der ursprünglichen *Pigmentierung* erhalten. Sogar an Fossilien aus dem Erdaltertum (Paläozoikum) hat man Farbspuren ausgemacht, so bei Nautiloiden, einer Gruppe der Kopffüsser [43], bei Trilobiten (Abb. 46, S. 80) und bei Seelilien [9], (Abb. 26 j, g).

Erste Spuren tierischen Lebens

Die Herkunft der Tiere galt lange als eines der großen Rätsel der Lebensgeschichte. In den Ablagerungen der letzten 570 Millionen Jahre, d. h. in der Zeit von heute bis zur Untergrenze der kambrischen Formation findet sich eine Vielfalt von Tierfossilien in Spuren, Abdrücken und Skelett-Erhaltungen. Sie vermitteln uns ein detailliertes Bild der tierischen Evolution. Im Kambrium sind mit Ausnahme der Wirbeltiere alle Hauptstämme des Tierreiches in entwickelten Formen vertreten. Aber an der Untergrenze dieser Formation reißt der Faden der Überlieferung abrupt ab. Dieses Auftauchen einer wohldifferenzierten Tierwelt aus einer dunklen Vergangenheit ist auch heute noch nicht befriedigend zu erklären.

In den letzten Jahrzehnten haben einige glückliche Funde aus aller Welt etwas Licht in das Problem gebracht. Die fossile Überlieferung reicht nun bis in die riphäische Formation, d. h. in den Zeitraum zwischen 900 und 700 Millionen Jahre zurück. Zwar hat man in diesen Schichten noch keine Körperreste gefunden, immerhin aber *Kriechspuren und Kotbällchen,* also Darmausscheidungen, wie sie anscheinend von wurmartigen Organismen stammen, die kaum Zentimeter-Größe gehabt haben dürften [31, 162]. Offenbar hatten die Körper noch kein Hartskelett entwickelt und konnten sich deshalb nicht in Strukturen erhalten. Aber aus dem was übrig geblieben ist, lassen sich einige wichtige Erkenntnisse gewinnen, auch solche biochemischer Natur. Bodenkriecher der vorliegenden Art müssen bereits einen Hautmuskelschlauch besessen haben, wie er auch heute noch bei den meisten wurmartigen Tieren zur Fortbewegung dient. Bei wenigstens acht Stämmen im Tierreich gehört er zum Grundbauplan (Abb. 22 a).

Das prinzipielle Strukturmaterial des Hautmuskelschlauches ist Kollagen. Es ist dies ein Gerüstprotein, d. h. ein Baustoff, der sich aus einer großen Zahl von Aminosäure-Resten zusammensetzt, die zu langen Ketten verbunden und miteinander vernetzt sind [7, 204]. Kollagen ist mit einem Molekulargewicht von ca. 300 000 eines der größten bekannten Protein-Moleküle. Es bildet eine aus drei Strängen verzwirnte Schraubenstruktur, die in jedem Strang etwa 1 000 Aminosäuren und dazu noch kurze unverzwirnte Endstücke aus Peptiden enthält (Abb. 23).

Solche Materialien, die sich wie das Kollagen aus einer großen Zahl von mehr oder weniger ähnlichen Untereinheiten aufbauen, heißen Poly-

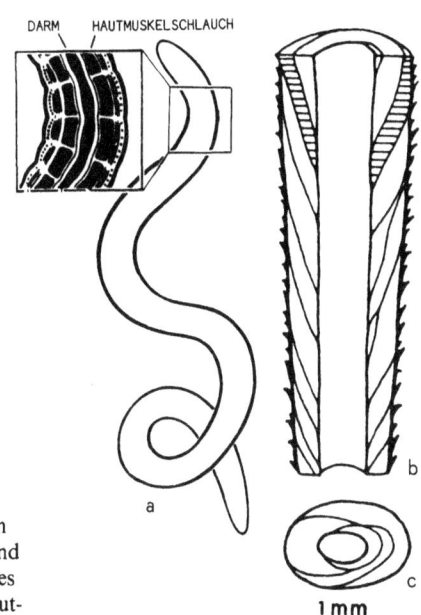

Abb. 22. (a) Prinzipieller Bau eines frühen wurmartigen Tierkörpers, *(b, c)* Längs- und Querschnitt durch einen Gehäusefund des Jung-Präkambrium. *(a)* Nach Vogel & Gutmann (1981), *(b, c)* nach Glaessner (1976)

mere. Sie haben spezifische mechanische Eigenschaften, die mehr von der Anordnung der Moleküle als von ihrer Art abhängen. Polymere haben häufig Faserstruktur. Auch *Kollagen* bildet Fasern, wenn auch nicht ganz typische, weil sie Schleifen enthalten können, die verschwinden, wenn sich die Faser streckt. Im Tier formen die Kollagen-Fasern Netzwerke, welche die Vorlage für die Körperkonstruktion abgeben. Kollagen ist eine der stärksten tierischen Fasern. Bezogen auf die Gewichtseinheit ist es viel zugfester als Stahl, es ist aber vergleichsweise schwächer als Metall, wenn man die Festigkeiten auf die Flächenquerschnitte bezieht [7]. Kollagen kommt bei fast allen höheren Tieren vor. Es steckt u. a. im Bindegewebe und verbindet, umgibt und stützt so die anderen Gewebe. Bezeichnenderweise findet sich Kollagen auch bei Einzellern, wenn auch nur recht selten [180]. Die Vielzeller sind also nicht die Erfinder des Kollagens, sie haben aber besondere Anwendungsmöglichkeiten dafür entdeckt. Bei einigen wurmartigen Organismen, wie bei den Ringelwürmern *(Anneliden)* besteht auch die Außenhaut des Körpers aus Kollagen. Durch Verwendung von Kollagen ist es möglich geworden, große Mengen von Zellen im Verband zusammenzuhalten. Damit ist der Schritt zum vielzelligen Gewebe-Tier vollzogen.

Im prinzipiellen Aufbau sind sich die Kollagene aller heutigen Tiergruppen erstaunlich ähnlich, sie könnten sich also von einem gemeinsamen Grundstoff ableiten [7]. In der nachfolgenden Evolution ist es dann zu einigen Modifizierungen in der Synthese gekommen. So gibt es zwischen den tierischen Kollagenen artspezifische Unterschiede, wie sie u. a. in ihrer Reaktion auf Fremdproteine (sog. Immunreaktion) zum Ausdruck kommen. Kollagen vom Affen zum Beispiel reagiert diesbezüglich anders als das des Menschen. Angeblich läßt sich selbst in Menschenknochen aus 1,9 Millionen Jahre alten Schichten die für *Homo sapiens* artspezifische Immunreaktion noch nachweisen [109].

Hinzu kommen noch andere Unterschiede. So sind dem Kollagen der Wirbellosen durchweg mehr Polysaccharide beigemischt als dem der Wirbeltiere. Auch die Polysaccharide scheinen beim Zusammenhalt der Zellen eine Rolle zu spielen. Es zeigt sich im Mikroskop häufig, daß die Plasmamembranen benachbarter Zellen mit Mucopolysacchariden verkittet sind.

Von den überlieferten Spuren aus riphäischer Zeit gibt es keine chemischen Analysen. Es ist aber logisch anzunehmen, daß diese frühen Kriechorganismen wie fast alle späteren Tiere auf der Grundlage von Kollagen konstruiert waren. Daraus folgt ein wichtiger Schluß. Bei der Biosynthese der Hydroxyprolins (Abb. 23), einer wichtigen Komponente des Kollagens, wird molekularer Sauerstoff benötigt. Folglich kann die Atmosphäre im Riphäikum nicht ohne Sauerstoff gewesen sein [180]. Auf dieses Thema kommen wir noch zurück.

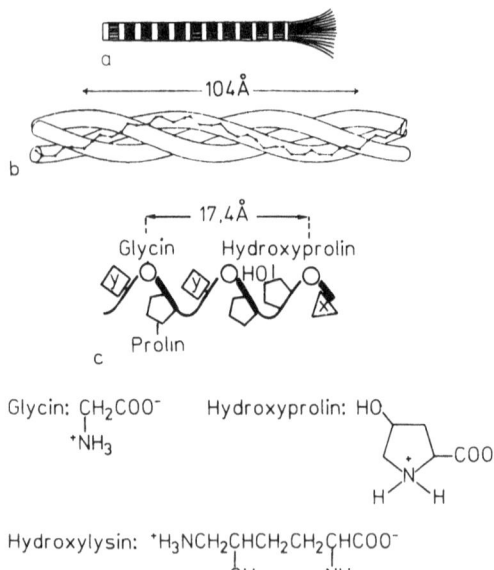

Abb. 23. Kollagen *(a)* Faserstrang *(b)* Einzelfaser *(c)* Kettenabschnitt mit Sequenz der Aminosäuren. Nach Prockop & Williams (1982), Degens (1968) vereinfacht

Daß von der frühesten Tierwelt nur so wenig überliefert ist, hat vermutlich drei Gründe:
Die Organismen waren offenbar alle noch sehr klein, ihre Spuren sind also schwer zu erkennen.
Sie waren vermutlich auf der Erde noch wenig verbreitet, also in ihrem Vorkommen nur auf bestimmte Lebensräume begrenzt.
Sie hatten schließlich noch kein Mineralskelett, wie es sich durchweg besser erhält als ein weicher Körper.

Die Fähigkeit, harte Skelette auszubilden, war offenbar eine Errungenschaft, wie sie in den Funden der kambrischen Zeit mit einer Vielfalt verschiedener Formen und Baumaterialien in Erscheinung tritt. Man hat vermutet, daß den urtümlichen Formen noch die grundlegenden biochemischen Techniken zum Aufbau von Mineralskeletten gefehlt haben. Das ist aber nicht notwendigerweise so gewesen. Denn schließlich gibt es auch heute noch viele Tiere, die aus unterschiedlichen Gründen auf ein Mineralskelett verzichten, obwohl sie über die notwendigen biosynthetischen Produktionsanlagen dafür verfügen. Wie die Spuren der urtümlichen Kriech-Organismen verraten, war bei ihnen ein Muskelgewebe ausgebildet. Also müssen sie schon einen effektiven Kalkstoffwechsel gehabt haben. Denn an der Muskelbewegung sind Calcium-Ionen beteiligt, die dabei in ständigem Wechsel in die Zellen ein- und ausgepumpt werden. Grundsätzlich ist mit diesem Mechanismus auch die Fähigkeit zur Bildung von Carbonat-Skeletten gegeben. So fragt sich also, ob das Fehlen solcher Bildungen bei den frühen Tieren nicht andere Gründe hat, wie sie mit ihrer Lebensweise und ihrem Lebensbereich zusammenhängen. Wenn es keine Bedrohung durch Feinde gibt, haben zum Beispiel Schalenskelette als Schutzvorkehrung wenig Sinn. Hartskelette haben überdies den Nachteil, daß sie die Beweglichkeit des Hautmuskelschlauches einengen, also den Körper unbeweglicher machen [189, 107].

Wenn ein Skelett nur Stützfunktionen hat, muß es nicht unbedingt aus festen Substanzen bestehen. Das ursprüngliche Stützorgan der Tiere war wohl eher ein Hydroskelett. Ein solches ist im Hautmuskelschlauch lokalisiert, der doppelwandig ausgebildet ist. Der Raum zwischen Außen- und Innenwand ist mit Körperflüssigkeit prall gefüllt (Abb. 24b). Die hydraulische Spannung gibt dem Körper die nötige Steifigkeit, ohne daß sie die Beweglichkeit beeinträchtigt. Es ist dies ein einfaches und effektives Prinzip, das sich bis heute in der Tierwelt bewährt hat. Erst wenn eine harte Außenschale notwendig wird, zum Beispiel zum Schutz gegen Feinde, ist eine Mineralisierung zweckmäßig. Bereits vor dem Kambrium haben Tiere Techniken entwickelt, nach denen sich Hydroskelett und Mineralskelett kombinieren lassen, ohne daß die körperliche Beweglichkeit zu sehr eingeschränkt wird. Das wird im nächsten Kapitel zur Sprache kommen.

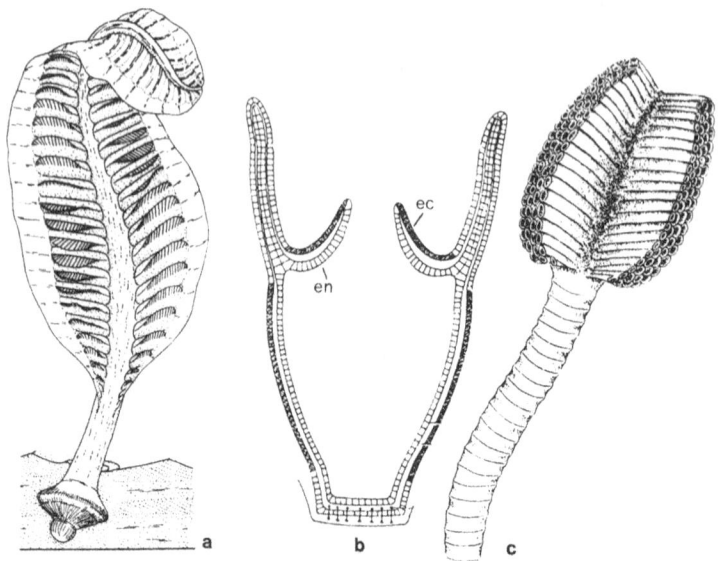

Abb. 24. Polypenkolonien des Jung-Präkambrium *(a) Charniodiscus* von Australien *(c) Corumbella* von Südamerika. *(b)* Schnitt durch einen rezenten Polypen. *ec,* Außenlage; *en,* Innenlage. *(a)* Nach Jenkins et al. (1978), *(b)* nach Brown (1975), *(c)* nach Hahn et al. (1982)

Die *ältesten tierischen Körperfossilien,* d. h. solche die nicht nur mit Kriechspuren, sondern mit Körperstrukturen überliefert sind, stammen aus dem unteren Teil der Vend-Fomation, d. h. der Zeit kurz nach der 700 Millionen-Jahresmarke. In ihrer Organisation entsprechen die Formen heutigen Hohltieren *(Coelenteraten)* und zwar den Polypen und Medusen der Nesseltiere (Abb. 24b). Bezeichnenderweise fehlt allen diesen frühen Vertretern ein massives Hartskelett (Abb. 24a, c). Deshalb sind die meisten Funde auch nur als Abdruck erhalten, der für chemische Analysen nicht viel hergibt. Aber aus Detailbeobachtungen und Vergleichen mit ähnlichen Vertretern der Jetztzeit lassen sich einige interessante Schlußfolgerungen, auch solche biochemischer Natur ziehen.

Die grundsätzliche Struktur dieser Tiere war offenbar ein *Hydroskelett,* das vorwiegend Wasser enthielt. Solche Körperhöhlen werden bei der Fossilisierung zusammengepreßt, was die Deutung sehr erschwert. Bei vergleichbaren Formen heutiger Zeit ist hier bis ca. 96% Wasser vorhanden, der Rest setzt sich aus ca. 1% organischem Material zusammen, das zum Teil in Lösung, zum Teil in Form von Fasern, Bindemitteln und Zellen vorliegt. Hinzu kommen etwa ca. 3% anorganische Salze, die verstreut als lose Skelett-Elemente, z. B. in Gestalt von Kalk-Nadeln oder -Körnern auftreten können. Stellenweise war der fossile Körper offenbar mit horniger Substanz versteift. Bei den rezenten Formen ist hier u. a. das Gerüsteiweiß Gorgonin vertreten [23].

Erstaunlich ist die Körpergröße dieser frühen Tierkörper, sie kann mehrere Dezimeter- und sogar Meter-Länge erreichen. Hier beweist sich die hohe Stabilität des Hydroskeletts, obwohl es nur aus einer einprozentigen wässrigen Lösung besteht. Sie enthält damit viel weniger organische Substanz als in standfester Gelatine vorhanden ist. Aber die Viskosität einer solchen Flüssigkeit ist hoch und das ganze steht unter Druckspannung. Das macht den Körper äußerst widerstandsfähig gegen Wellenschlag, erlaubt andererseits eine schnelle Körperkontraktion mithilfe der Muskulatur. Wie das Beispiel heutiger Quallen (Medusen) zeigt, lassen sich mit einem Hydrosklett gewaltige Körpermassen bis zu einer halben Tonne Gewicht gut stabilisieren. Eine solche Bildung ist also als echtes Stützskelett wirksam, zwar nicht im ursprünglichen Sinn des griechischen Wortes „Skeletos" (= ausgetrocknet) das eher auf ein Hartgerüst paßt, sondern als elastische und schmiegsame Struktur. Der Hohlraum ist dabei von einem Netz aus Kollagenfasern eingefaßt, dem die Zellen der Außen- und Innenwand angeheftet sind. Das Fasermaterial ist nicht weniger fest als das im Wirbeltierknochen. Das Kollagen heutiger Hohltiere enthält übrigens eine chemische Komponente, die dem Säugetier-Kollagen sehr nahesteht. Es ist dies ein Beispiel dafür, wie bestimmte Synthese-Muster in der Evolution wiederholt und unabhängig voneinander entwickelt werden können [180].

Anders als bei Wirbeltieren, sind die Kollagenfasern der Hohltiere zumeist in reichlich Grundmasse aus *Mucopolysacchariden* eingebettet. Das sind komplexe Polysaccharide des Bindegewebes, die u. a. der Cellulose und dem Chitin nahestehen. Sie setzen sich aus langen Ketten von Zucker-Einheiten zusammen. Im Kollagen-Gerüst formen sie eine plastische Masse von geringer Festigkeit. Sie verkittet die Kollagenfasern, fixiert sie an ihrer Stelle und schützt sie vor Schäden. Die Masse wirkt außerdem als Schmiermittel bei Bewegungen und kann überdies beträchtliche Mengen Wasser festhalten.

Unter den frühen Funden finden sich beide typischen Lebensformen der Hohltiere, die freischwimmende Meduse und der festsitzende Polyp. Die Polypen (Abb. 24a, c) waren offenbar auf den Sandbänken des bewegten Flachwassers zuhause, wo die Strömung viel Nährstoffe heranführt. Das Hydroskelett mit seinen hochelastischen Eigenschaften versteht sich als geeignete Anpassung an solche Verhältnisse. Damit erklärt sich, warum plötzlich in vendischer Zeit solche Tierformen erscheinen und häufiger werden. Damals ist es den Tieren offenbar gelungen, den Boden im strömungsreichen Flachmeer zu besiedeln und sich dort zu behaupten. Dazu gehört auch eine Umstellung in der Lebensweise, vom schlammfressenden Bodenkriecher zum festsitzenden Partikelfänger. Letzterer ernährt sich vom Plankton und von anderen Schwebeteilchen, wie sie von der Meeresströmung zugetragen werden. Interessanterweise folgt diese Umstellung mit kurzem Abstand auf ein anderes wichtiges Ereignis der Lebensgeschichte. Zu Beginn des Vend, etwa vor 700 Millionen Jahren, entfaltet sich das *einzellige Algenplankton* der Meere zu einer ersten Blütezeit. Solche Algen stellen eine energiereiche Nahrungsquelle dar, dies vor allem wegen ihrer hohen Gehalte an Fetten, fetten Ölen, Eiweißen und Kohlehydraten, die in den Zellen gespeichert sind. Die Stoffe bestreiten gelegentlich mehr als dreiviertel der organischen Trockenmasse. Auch heute steht das Phytoplankton am Anfang in der Nahrungskette der Meeresorganismen.

Wir beobachten also schon im Vend, wie die Tiere bestrebt sind, mit geeigneten Anpassungen dem Ausbreitungszug der Pflanzen nachzufolgen. Ähnliches wiederholt sich in der Geschichte des Lebens später nochmals.

Tiere entwickeln Hartskelette

Im mittleren Vend, also in Nachfolge der frühen Hohltiere, erscheinen Formen, die offenbar den heutigen Ringelwürmern *(Anneliden)* nahestehen [57]. Fossil erhalten sind nur ihre Wohnröhren, die aus harter, meist mineralischer Substanz bestehen (Abb. 22 b, c). Diese waren im Meeresboden eingebaut und in ihnen lebte das Tier wohl mehr oder weniger frei beweglich. Eine solche Wohnröhre stellt eine gute technische Lösung dar, nach der sich die Beweglichkeit eines Hydroskelettes mit der Schutzwirkung eines harten Gehäuses kombinieren läßt. Von einigen dieser fossilen Röhren sind chemische Analysen bekannt geworden, so zum Beispiel vom kambrischen Fossil *Hyolithellus,* einem Nachfolger der vendischen Röhrenformen. Seine Röhre setzt sich aus körnigem Calciumcarbonat zusammen, das in einer organischen Grundmasse eingebettet ist. Diese ist in einigen Komponenten bis heute, also über 550 Millionen Jahre hinweg erhalten geblieben. Identifiziert worden sind N-Glukosamine und ein halbes Dutzend Aminosäuren. Danach dürften hier ursprünglich chitin- und protein-artige Verbindungen, darunter wahrscheinlich auch ein Skleroprotein, vorhanden gewesen sein [28].

Wie vergleichbare Beispiele der heutigen Tierwelt zeigen, werden solche organischen Skelettmaterialien aus Schleimstoffen erzeugt, die das Tier aus Drüsen der Körperoberfläche abscheidet. Falls die Schleime viel Proteine enthalten, heißen sie *Mucoproteine,* falls Polysaccharide vorherrschen, nennt man sie *Mucopolysaccharide* (Mucus = Schleim). In letzteren kann, wie bereits oben erwähnt, eine Vielfalt komplexer Polysaccharide enthalten sein, die mehr oder weniger mit Cellulose oder Chitin verwandt sind. An der Körperoberfläche erstarren die Schleime zu einem harten Zement, der häufig körnige Mineralausscheidungen oder Fremdpartikel, Sandkörner und ähnliches einschließt. So entsteht eine solide Röhre. Dabei wird der Schleim immer nur von einzelnen Drüsenzellen abgesondert. Im Gegensatz dazu scheiden die meisten anderen Tiere ihren Körperschleim aus zusammenhängenden Geweben der Körperoberfläche ab. Daraus formt sich dann eine Kutikula, ein kompletter Hautüberzug. Sie kann mineralisiert sein. Zum Beispiel sind die Schalen der Muscheln und anderer Wirbellosen solche kutikulare Bildungen. Sie unterscheiden sich also grundsätzlich von den Wohnröhren, der primitiven Tiere, denen eine anhaftende Kutikula fehlt.

Möglicherweise stammen die *Röhren-Organismen* der vendischen Zeit von den Kriech-Organismen des Riphäikum ab. Die Wohnröhre indiziert damit einen Wechsel in der Lebensweise: aus Schlammfressern sind Partikelfänger geworden. Erstere verzehren organische Bodenschlämme, letztere fischen mithilfe von Tentakelapparaten Kleinalgen und andere nährstoffhaltige Teilchen aus dem Wasser. Die neue Ernährungsweise erfordert besondere Einrichtungen, die es dem Tier möglich machen, sich im strömenden Wasser zu behaupten. Hierbei dient die Röhre als Verankerung, die den Hinterkörper am Boden festhält, während der Vorderteil dem Wasserstrom exponiert ist. So kann das Tier auch im Bereich des bewegten Wasser siedeln, also dort, wo viel Nahrung herangeführt wird. Bei Gefahr kann sich das Tier überdies in die Röhre zurückziehen. Sie bietet Schutz vor Feinden.

Fossilien vendischen Alters sind mittlerweile von etwa zwei Dutzend Fundpunkten bekannt, die sich über alle Erdteile verteilen. Aber erst im oberen Teil dieser Formation, vor etwa 600 Millionen Jahren, werden die Funde, darunter besonders Röhrenschalen, merklich häufiger. Erstaunlich ist die Vielfalt der von den verschiedenen Vertretern verwendeten Materialien. Die Röhren können rein organisch, chiting-hornig oder auch mineralisiert sein und dann Phosphate, seltener Carbonate und gelegentlich auch Kieselsäure enthalten [113, 162]. Diese Schwankungsbreite verschiedener Syntheseprodukte bezeichnet offenbar ein frühes Stadium der biochemischen Evolution, in der die synthetischen Verfahrenswege noch nicht so exakt festgelegt waren wie später.

An der Wende zum Kambrium, d.h. vor 570 Millionen Jahren erscheinen die modernen Schalenskelette. Bereits im frühen Kambrium sind sie mit sieben Konstruktionsmustern und mindestens vier jeweils spezifischen Mineralsubstanzen vertreten. Was den Wechsel vom Röhren- zum Schalenskelett verursacht hat, ist schwer zu sagen.

Im Verlaufe des Kambrium kommt es dann zu Umwälzungen in der Biochemie der Tiere, das zeigt sich in der Biomineralisation. Fast alle *Skelettminerale* des Präkambrium sind Calcium-Minerale und zwei Drittel davon bestehen aus Calciumphosphat. Dieser Anteil geht aber im Mittelkambrium bis auf etwa die Hälfte zurück. Etwa 50 Millionen Jahre später wird dann Calciumcarbonat das Baumaterial erster Wahl und bleibt das für die gesamte Folgezeit, jedenfalls bei den wirbellosen Tieren [105, 106]. In den Skeletten ist Apatit in seinen verschiedenen Modifikationen das vorherrschende Phosphatmineral. Die durchschnittliche Zusammensetzung der wichtigsten Komponente (Hydroxyl-Apatit) entspricht etwa der Summenformel $Ca_{10}(PO_4)_6(OH)_2$. Zu kambrischer Zeit wird Phosphat nicht nur in Wohnröhren eingebaut, sondern auch in Schalen, z.B. in die Klappen altertümlicher Armfüßer *(Brachiopoden)*, etwas vielleicht auch in die Körperhüllen der Dreilapper *(Trilobiten),* eine urtümliche Gruppe der Gliederfüßer (Abb. 26 f, h, i, Abb. 46 c, S. 80). In Trilobitenpanzern hat man gelegentlich Gehalte bis 30% Calciumphosphat nachgewiesen [147]. Es fragt sich aber, wieviel davon ursprünglicher Herkunft und wieviel erst später mit Stoffwanderungen in das Fossil gekommen ist.

Die Tatsache, daß in der Frühzeit der Skelett-Evolution Phosphat dem Carbonat als Baumaterial vorgezogen wurde, könnte mehrere Gründe haben. Die *Phosphat-Produktion* scheint das biosynthetisch einfachere Verfahren zu sein. Das zeigt sich u. a. darin, daß die organische Matrix in der Phophat-Schale meist aus nur wenigen Sorten Bausteinen besteht. In den Knochen, Schuppen und im Zahnbein der Wirbeltiere besteht die Matrix fast nur aus Kollagen. In Carbonat-Skeletten der Wirbellosen dagegen ist diese, von Tiergruppe zu Tiergruppe wechselnd, aus verschiedenen Proteinen oder Glykoproteinen zusammengesetzt. In diesem Zusammenhang wird die vom rezenten Beispiel abzuleitende Feststellung interessant, wonach der Aufbau von Schalen und Knochen weitgehend von der organischen Matrix gesteuert wird. Mithilfe bestimmter Seitengruppen können deren Moleküle als Trägergruppen von Ionen wirksam sein und diese örtlich so stark anreichern, daß es zur Mineralausscheidung kommt. Kollagen z. B. führt deshalb bevorzugt zur Phosphat-Ausscheidung, weil es viel Glycin und Iminosäure enthält, die auf PO_4^{3-}-Ionen eine besondere Anziehung ausüben. In Skeletten aus Kieselsäure dagegen sind Aminozucker die hauptsächlichen Trägersubstanzen [38].

Es gibt noch andere Indizien dafür, daß das Phosphat-Skelett urtümlicher ist als das Carbonat-Skelett. Wie rezente Beispiele erkennen lassen, ist die Bildung von Carbonat in der Schale häufig mit einem Phosphat-Stoffwechsel kombiniert. Phosphat-Enzyme sind dabei als Hemmstoffe der Calcifizierung wirksam, indem sie dort Orthophosphate erzeugen, wo die Carbonatbildung verhindert werden soll. Umgekehrt aber hat der Carbonat-Stoffwechsel bei der Produktion der Phosphat-Skelette keine Bedeutung. In den Skeletten der frühen Organismen sind offenbar Phosphat und Carbonat noch schlecht miteinander vereinbar, sie scheinen kaum gemeinsam vorzukommen [107, 108].

Wenn, wie indiziert, das Phosphat-Skelett also in der tierischen Evolution früher entwickelt war als das Carbonat-Skelett, so stellt sich die Frage, was nachfolgend zur Vorherrschaft der *Carbonat-Skelette* geführt hat. Eine naheliegende Antwort folgt aus der Energiebilanz. Carbonat-Skelette lassen sich mit weniger Energieaufwand produzieren als Phosphat-Skelette. Aber das kann nicht der einzige Grund sein, sonst wäre kaum zu erklären, warum in der Erdgeschichte Phosphat-Skelette immer wieder „in Mode" kamen, z. B. bei Wirbeltieren und zehnfüßigen Krebsen. Die Sachlage ist wohl komplizierter und hängt mit der überragenden Bedeutung des

Phosphors im Körper der Lebewesen zusammen. Phosphor ist ein Schlüsselelement im genetischen und metabolischen Apparat der Zelle. Er ist Bestandteil der Nukleinsäuren und der Phospholipid-Membranen. Er ist wesentlich am Energie-Transport in der Zelle beteiligt und hat auch viele andere strukturelle, katalytische und regelnde Funktionen, z. B. bei der Stärkesynthese, der Photosynthese und bei anderen fundamentalen Lebensprozessen von Ernährung, Wachstum und Zellteilung [112]. Phosphor ist in der Zelle fast so wichtig wie Kohlenstoff. Wenn man diesen als König des Lebens bezeichnet, ist jener sein erster Minister. Neben dem Phosphor spielt aber auch Calcium im Organismus eine wichtige Rolle, z. B. bei der Muskelbewegung oder bei der Informationsübertragung. Für die Zelle ist es ein Problem, Phosphor und Calcium gleicherweise in Lösung zu halten. Erhöht sich der Calcium-Spiegel im Plasma, so fällt unlösliches Phosphat aus. Man muß also entweder das eine oder das andere in niedriger Konzentration behalten. Da aber Phosphor absolut lebenswichtig ist, müssen die Konzentrationsverhältnisse eher darauf abgestellt werden. Mit Verfeinerung der biologischen Regelmechanismen ist es mehr und mehr gelungen, das Problem zu bewältigen, so daß ein eigener Carbonat-Stoffwechsel entstehen konnte. Dabei hat sich offenbar ein effektiver Mechanismus für Ca^{2+}-Ausscheidung entwickelt [107].

Es gibt aber noch einen anderen Gesichtspunkt, wie er sich aus dem Einfluß der Umwelt ableitet. *Phosphor ist ein ungewöhnliches Element,* was seine Verteilung in den irdischen Sphären anbetrifft. Die Erdkruste hat etwa 0,27% davon (gerechnet als P_2O_5). Im phosphat-gesättigten Ozeanwasser streuen die Gehalte bei nur 0,07–0,3 ppm je nach vorliegenden Temperaturen, Drücken und anderen Bedingungen. In den oberen Wasserschichten geht ständig Phosphat verloren. Der Grund liegt darin, daß das Meeresplankton viel Phosphor speichert (bis 7% P_2O_5 in der Asche), diesen aber nicht wieder zurückgibt. Vielmehr gelangen die Mengen mit den abgestorbenen Organismen in den Meeresschlamm und werden dort festgelegt. Zwar wird vom Land laufend Phosphor nachgeliefert, das meiste davon aber in Form von Partikeln, die an Ton- und Eisenminerale adsorbiert sind. Nur etwa ein Sechstel der Lieferung wird in Lösung bewegt. Ein Phosphor-Defizit kann also von dort nicht ausgeglichen werden, das muß vom Meer selbst und zwar mithilfe zirkulierender Ströme besorgt werden. Kalte Ströme, die aus der Tiefe des Meeresbodens aufsteigen, führen viel Phosphor aus den dort abgelagerten Schlämmen mit sich. Dieser wird in die oberflächennahe, lichtdurchflutete Wasserschicht und damit in die Verfügbarkeit der Organismen zurückgebracht [32].

Weitaus der größte Teil des in der Natur verfügbaren Phosphors ist jeweils in der Nahrungskette festgelegt. Wie stark irgendwo und irgendwann eine Lebewelt wächst und sich ausbreitet, bestimmt in erster Linie das lokale Phosphor-Angebot im Kreislaufgeschehen. Sind die örtlichen Phosphor-Kontingente erschöpft, kommt es zu Existenzproblemen. In den mit Phosphor untersättigten Meeresbereichen sind die Otganismen gezwungen, mit diesem Element haushälterisch umzugehen [100, 170].

Bezeichnenderweise laufen im tieferen Erdaltertum, besonders im Kambrium-Ordovizium zwei Entwicklungen parallel. Die Tiere stellen sich von Phosphat- auf Carbonat-Skelette um, gleichzeitig durchlebt das pflanzliche Plankton eine zweite stärkere Blüteperiode (Abb. 60, S. 102). Möglicherweise haben diese dem Wasser viel Phosphor entzogen, der damit den Tieren nicht mehr zur Verfügung stand. Primitive Tiere decken ihren Phosphor-Bedarf direkt aus dem Meerwasser und zwar viel auf osmotischem Weg durch die Zellmembran. Wenn die frühen Tiere des Vend und Unterkambrium bevorzugt Phosphat-Skelette aufgebaut haben, dann könnte das darauf hindeuten, daß damals Phosphor im Meerwasser sehr reichlich zur Verfügung stand, weil die planktonischen Algen als Verbrauchs-Konkurrenten noch nicht ins Gewicht fielen. Zwar speichern auch Bakterien große Mengen Phosphor, besonders in ihren Phospholipid-Membranen, geben diesen aber auch laufend wieder ab, so wie sie neue Membranen produzieren [112].

In primitiven Tieren entspricht die *Körperflüssigkeit* in ihrer Zusammensetzung etwa derjenigen des Meerwassers. Bei höheren Organismen, Armfüßern, Mollusken und allen anderen mit mehr oder weniger geschlossenen Gefäß-Systemen wird die Osmoregulation unabhängiger. Hier wird der Calcium-Spiegel im Zell-Plasma unterhalb der Konzentration im Meerwasser gehalten, was bedeutet, daß Calcium laufend ausgepumpt werden muß. Denn eine hohe Calcium-Konzentration im Zellplasma hat, wie gesagt, den Effekt, daß Phosphat ausfällt. Da Phosphor aber, mehr als Calcium, absolut lebenswichtig ist, wird der Calcium-Spiegel entsprechend niedrig gehalten, d. h. Calcium muß entfernt werden: Es kann damit zum Aufbau der Carbonat-Schale verwandt werden [107, 108].

Wenn die vorstehenden Überlegungen stimmen, dann sind die frühen Phosphat-Organismen an der Konkurrenz phosphor-verbrauchender Phytoplanktonten gescheitert. Aber wenig später, im Ordovizium erscheint mit den Fischen eine neue Generation von Phosphat-Organismen. Fische beziehen ihren Phosphor nicht direkt vom Meerwasser, sondern über die Nahrung. Das ist ein grundsätzlicher Unterschied zu den Vertretern der vorausgegangenen Phosphat-Generation. Es gibt aber noch einen zweiten Unterschied: Der in der Wohnröhre gespeicherte Phosphor ist für den Organismus so gut wie nicht rückgewinnbar. Dagegen hat der im Wirbeltierknochen eingebaute Phosphor eine Depot-Funktion, er kann gegebenenfalls abgebaut und über den Blutkreislauf zu den Bedarfszentren transportiert werden. Der Wirbeltierknochen ist dafür speziell konstruiert, denn er wird gewöhnlich um die Blutgefäße in konzentrisch-zylindrischen Lagen aufgebaut (Abb. 54b, S. 91). Der anorganische Anteil des Knochens liegt bei etwa 70% und besteht vorwiegend aus Hydroxyl-Apatit. Der Rest ist organisches Material und zwar vorwiegend Kollagen in einer besonderen, für Wirbeltiere spezifischen Zusammensetzung.

Ein effektiver Phosphor-Stoffwechsel war offenbar bereits bei den frühesten Fischen vorhanden. Das ist mit entsprechenden Analysen indiziert, wie sie von Knochenresten der Gehäusefische *(Ostracodermaten)* aus dem Ordovizium vorliegen [147]. Es sind dies Primitiv-Formen, die zwar noch keinen Kieferknochen hatten, aber im Innenskelett und Hautpanzer bereits stark verknöchert waren. Die überlieferten Reste können bis 70% Phosphat in Form von $Ca_3(PO_4)_2$ aufweisen, das entspricht den in heutigen Fischen vorkommenden Gehalten. Solche haben zwischen 50 und 98% $Ca_3(PO_4)_2$ und dazu auch viel Phosphat im Weichkörper (bis ca. 11% örtlich in der Trockenmasse). Fossil-Analysen auf Phosphor sind mit Vorsicht zu bewerten, da sich Phosphat bei der Fossilisation anreichern kann.

Offenbar hat also das Skelett bei den Wirbeltieren stets zwei Hauptfunktionen gehabt. Es war einerseits Festigungs- und Schutzorgan, andererseits ein Phosphat-Depot. Letzteres dürfte der ursprünglichere Zweck gewesen sein. Die für Wirbeltiere charakteristische hohe Muskelaktivität und die Ausbildung besonderer nervöser Zentren könnte solche Depots erforderlich gemacht haben und zwar dort, wo der Bedarf an Phosphor besonders hoch ist. So erklärt sich vielleicht die Anlage der Wirbelsäule in der Nachbarschaft der Rumpfmuskulatur und der Hauptnerven.

Solche Depots sind aber nicht die orginelle Erfindung der Wirbeltiere. Im Prinzip ähnlich aufgebaute Phosphat-Speicher finden sich sogar bei Einzellern [136]. Die Wirbeltiere haben offenbar eine überkommene biochemische Technik aufgegriffen und weiterentwickelt.

Wo haben die Tiere ihren Ursprung?

Im Präkambrium, der ältesten, längsten Zeit der Erdgeschichte scheinen im wesentlichen nur Bakterien und andere Mikroben existiert zu haben. Großkörper-Tiere und -Pflanzen erscheinen erst in der letzten Jahrmilliarde, zunächst vereinzelt, später vermehrt. Dieser Wechsel von kleinen zu großen Lebensformen ist so auffällig, daß man die jüngere Erdzeit, nämlich die vom Kambrium ab, als Zeitalter der Großlebewesen (Phanerozoikum) bezeichnet.

Wie ist es zu diesem Evolutionsschritt gekommen? Einzeller müssen die Fähigkeit erworben haben ihre Tochterzellen zusammenzuhalten und diese gruppenweise auf bestimmte Funktionen zu spezialisieren. Zwangsläufig nimmt mit dieser Entwicklung die Größe des Körpers zu. Die Erklärung trifft aber nicht den ganzen Sachverhalt. Denn was da in der ersten Großkörper-Generation erscheint, ist keineswegs alles vielzellig. Bereits in einer Zeit vor 1 400–1 500 Millionen Jahren tauchen Zellorganismen von über 60 µm Größe auf, das entspricht etwa dem Zehnfachen der Durchschnittsgrößen aus älterer Zeit. Zu Beginn der letzten Jahrmilliarde entwickeln sich die Einzeller des Planktons zu Riesenformen von ½ mm und mehr [31, 162]. In der Bodenflora erscheinen Kalkalgen, die aus einer einzigen Riesenzelle oder wenigen davon bestehen. Allen diesen zeitgenössischen Neuentwicklungen, den Einzellern wie den Vielzellern, ist ein Charakteristikum gemeinsam, nämlich die gesteigerte Körpergröße. Das verlangt eine besondere Erklärung.

Bekanntlich vergrößert sich mit wachsendem Körperdurchschnitt der Körperinhalt stärker als die Körperoberfläche. Die Vergrößerung kann also u.a. bedeuten, daß die Stoffverarbeitung und Stoffspeicherung eine vorrangige Bedeutung erhält gegenüber der Stoffaufnahme und -abgabe. Tatsächlich läßt sich wahrscheinlich machen, daß der durch das Wachstum vergrößerte Körperinhalt weitgehend zur Anlage von Nährstoff-Depots genutzt wurde. Das zeigen einige Beispiele: Kurz nach Beginn der letzten Jahrmilliarde erscheinen blattförmige Großalgen, die als *Vendotaeniden* bezeichnet und mit Braunalgen verglichen werden [162]. Für viele heutige Vertreter der Braunalgen ist charakteristisch, daß sie in ihrem Innern spezielle Gewebe der Nährstoffspeicherung besitzen, in der Kohlenhydrate wie Stärke und auch andere Reservestoffe gelagert werden.

Bereits früher als die Vendotaeniden tritt die kleine mehrzellige Kugelform *Eosphaera* auf (Abb. 25 a) [6]. Sie findet sich im Guntflint-Hornstein von Ontario, der ein Alter von ca. 2000 Millionen Jahren hat, und kommt möglicherweise auch schon früher vor [139]. Bei *Eosphaera* sind die Zellen lückenlos um einen inneren Hohlraum angeordnet. Ein vergleichbarer Vertreter der Jetztzeit ist die Grünalge *Volvox,* die im zentralen Hohlraum Stärkeschleim und ähnliches speichert (Abb. 25 d) [88]. Das Modell der *Volvox*-Kugel gibt eine interessante Analogie zu einer bestimmten Bildung ab, wie sie in der körperlichen Entwicklung der Tiere auftritt, nämlich zur Blastula, einer Zellkugel von ähnlichem Bau (Abb. 25 e). Diese kommt als frühes Stadium in der Keimesentwicklung fast aller vielzelligen Tiere vor. Möglicherweise spiegelt sich in diesem Zustand die Urform der vielzelligen Tiere wider. Wenn dem so ist, könnte man eine generelle Folgerung ziehen. Dann wären das vielzellige Tier, wie auch die vielzellige Vendotaeniden-Alge und das vendische Riesenplankton gezielt auf Stoffspeicherung gerichtete Entwicklungen.

Die Blastula der heutigen Tiere enthält meist viel Dottermaterial, das dem heranwachsenden Embryo als Nahrung dient. Solche Dottermasse hat die Tendenz, sich in der Kugel einseitig anzuhäufen. Ansammlungen

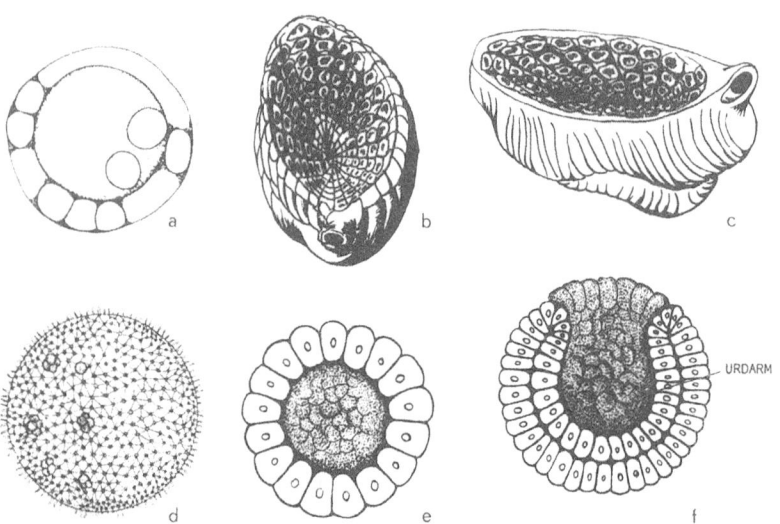

Abb. 25. (a) Eosphaera ein organisches Mikrofossil aus dem ca. 2000 Millionen Jahre alten Gunflint Hornstein von Ontario (Größe ca. 20 μm), *(b, c) Ernietta,* ein Fossil aus dem ca. 630 Millionen Jahre alten Nama-Quarzit von SW-Afrika (ca. 7 cm), *(d)* rezente Kolonie der Grünalge *Volvox (e, f)* Blastula bzw. Gastrula der tierischen Embryonalentwicklung. *(a)* Nach Barghoorn & Tyler (1965), *(d–f)* nach Romer (1970)

von Dotter behindern die Zellteilung. Im Ergebnis entstehen Formspannungen, die dazu führen, daß sich die Blastula an einer Stelle einstülpt und zu einer doppelwandigen Becherform, der sog. Gastrula umbildet (Abb. 25 f). Im Prinzip ist damit bereits die Bauform eines Hohltieres erreicht. Ein fossiles Beispiel dieser Organisation ist die *Ernietta* aus dem Vend von SW-Afrika (Abb. 25 b, c).

In der historischen Folgeentwicklung scheinen sich weitere wichtige Schritte vollzogen zu haben. Einige Nachfahren haben ihre Nährstoff-Depots auf andere Körperregionen verlagert und auf Mineralspeicherung umgestellt. Damit war die jeweilige Lage des späteren Stützskelettes festgelegt. Im Resultat kommt es zu unterschiedlichen Gestaltsformen, die möglicherweise einige der prinzipiellen Bautypen der Tierstämme begründen.

Wenn die vorstehenden Vergleiche richtig sind, dann deuten sich die Großlebewesen ursprünglich u.a. als *Speicherspezialisten,* die es verstanden haben, durch Anlage von inneren Nährstoff-Depots Mangelzeiten zu

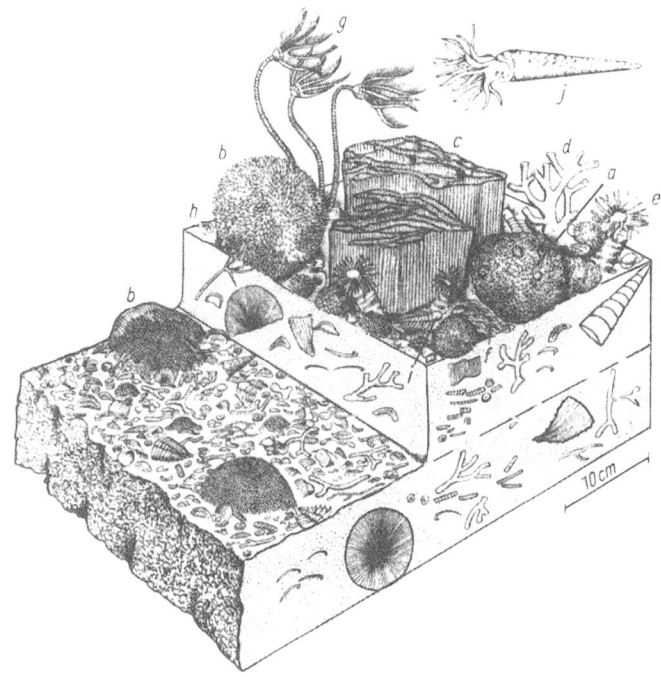

Abb. 26 a–j. Tiere der silurischen Kalkriffe. *(a)* Stromatoporen-Kolonie, *(b, c)* Korallenstöcke, *(d, e)* Einzelkorallen, *(f, h)* Armfüßer (Brachiopoden) *(g)* Seelilie (Crinoide), *(i)* Trilobit, *(j)* Nautiloider Kopffüßer. Nach McKerrow aus Krumbiegel & Krumbiegel (1981)

überdauern. Vielleicht hängt die Entwicklung mit der Besiedlung eines besonderen Lebensraumes, den Kalkriffen der Küstenbereiche (Abb. 26), zusammen. Riesige Kalkriffe, *Stromatolithe* genannt, werden in der Zeit zwischen 1 000–600 Millionen Jahren von Blaubakterien aufgebaut. Diese Riffbildner entwickeln sich zur Blüte und breiten sich über die Küstenränder aller Kontinente aus. In der Rifflandschaft wird auch anderen Lebewesen günstige Existenzmöglichkeit geboten. Allerdings unterliegt der Lebensraum örtlich und zeitlich variierenden Bedingungen, dafür sorgen Küstenströme, Gezeiten, Brandung und landseitige Gewässerzuflüsse. Dementsprechend wechselt das Angebot an Nährstoffen. Trübeströme oder Trockenperioden können zeitweilig die Photosynthese beeinträchtigen. Unter solch variierenden Bedingungen stellt sich eine Vorratswirtschaft für die Bewohner des Biotops als Existenzvorteil dar.

Die Erklärung trifft aber nicht den ganzen Sachverhalt. Die Ausbildung von Nährstoffspeichern war offenbar ein Zeichen jener Zeit, und fast allen überlieferten Zeitgenossen gemeinsam, nicht nur den zum Riffbereich gehörigen vielzelligen Organismen. Das zeitgenössische Phytoplankton, ein Bewohner des offenen Meeres tendiert zur Ausbildung von Riesenzellen. Auch die Bakterien verhalten sich in gewissem Sinn ähnlich. Die damals verbreiteten Säulen- und Kegel-Stromatolithe verstehen sich als gewaltige Anhäufungen von carbonat-haltigen Kohlenhydratschleimen (Mucopolysacchariden), die von bodenwüchsigen Blaubakterien ausgeschieden und in äußeren Schleimhüllen festgelegt worden sind. Möglicherweise haben sich damals, d.h. vor etwa einer Milliarde Jahre, die Verhältnisse auf der Erde generell verändert, und zwar zu lebhaften Umweltbedingungen hin, mit kontrastreichen Klimaschwankungen und ähnlichem (Abb. 3, S. 4). Das mag die Lebewesen zu intensivierter Vorratshaltung gezwungen haben.

Biominerale vermitteln Lebensgeschichte

Wenn unsere, im vorausgehenden Kapitel getroffenen Überlegungen richtig sind, dann leiten sich die Tierskelette ursprünglich aus Nährstoff-Depots ab, die planmäßig im Körper angelegt worden sind. Aus den Anlagen haben sich dann die verschiedenen Baupläne der Tiere herausgebildet. Offensichtlich verstehen sich auch heute noch viele Skelette, auch solche der Einzeller, als Nährstoff-Speicher. Es ist aber auch möglich, daß manche Skelette ursprünglich mehr zur Beseitigung von Ballast- oder Schadstoffen gedient haben. Im Sinne der Biochemie macht das keinen Unterschied, denn alle diese Bildungen sind letzten Endes das Ergebnis von osmoregulatorischen Prozessen der Zelle.

Viele, wenn nicht alle heutigen Lebewesen scheinen die Fähigkeit zu haben, Mineral-Depots aufzubauen. Die herkömmliche Unterscheidung zwischen Hartskelett- und Weichkörper-Organismen muß als überholt gelten. Neuerdings hat man in vielen sogenannten Weichkörpertieren Hartausscheidungen entdeckt. So hat sich in den letzten Jahrzehnten unsere Kenntnis der biomineralischen Prozesse und Produkte enorm vermehrt (Tabelle 4). Manche Lebewesen erzeugen, wie man heute weiß, so viel Mineralsubstanz in ihrem Lebensraum, daß diese später zu einer nutzbaren Lagerstätte wird. Vierzig Mineralarten sind heute als Produkte in Lebewesen bekannt, davon 25 bei Tieren, 11 bei Einzellern, 8 bei Bakterien, 7 bei Gefäßpflanzen, 4 bei Pilzen. Neun davon sind allein im Jahr 1982 gefunden worden. Das ist sicher noch nicht das Endergebnis, unsere einschlägigen Kenntnisse in dieser modernen Wissenschaft vermehren sich weiter rapide. Zu den Biomineralen gehören auch bestimmte krankhafte Bildungen. Allein 19 Minerale kommen als pathogene Formen in Organismen vor, und verstehen sich dann als Produkte eines gestörten Stoffwechsels. Bekannte Beispiele sind die Nieren- und Blasensteine.
Davon abgesehen finden die Biominerale im Körper eine mehr nützliche Verwendung: zur Festigung, zum Schutz gegen Feinde, zur Abschirmung vor Strahlung, zur Verhütung von Wärme- oder Wasserverlusten, als Reservoir für den mineralischen Stoffwechsel, als Abfall-Deponie, als Werkzeug, z. B. in den Zähnen. Im Gehör eingelagerte Mineralkörper dienen als Hilfe zum Empfang von Schallwellen und als Gleichgewichtsorgan. Magnetische Eigenschaften ermöglichen die Orientierung im erdmagneti-

Tabelle 4. Verbreitung wichtiger Biominerale in Pflanzen und Tieren [106, 107]

Mineral-Gruppe	Bakterien	Algen	Tierische Einzeller	Pilze	Höhere Tiere	Höhere Pflanzen	Beteiligte Elemente
Carbonate (5)	vertreten	verbreitet	vertreten	–	verbreitet	verstreut	Ca, C, O, Mg
Phosphate (8)	vertreten	–	vertreten	vertreten	verbreitet	?	Ca, P, O, H, C, F
Fluoride (2)	–	–	–	–	vertreten	–	F, H
Oxalate (2)	–	vertreten	–	vertreten	vertreten	verbreitet	Ca, C, O
Sulfate (3)	–	verstreut	vertreten	–	vereinzelt	vereinzelt	Ca, Sr, S, O, H
Opal (1)	?	verbreitet	verbreitet	–	vertreten	vertreten	Si, O, H
Eisenoxide (6)	verbreitet	?	vertreten	vertreten	vertreten	vertreten	Fe, O
Manganoxid (1)	verbreitet	–	–	–	–	–	Mn, O
Eisensulfide (2)	vertreten	–	–	–	–	–	Fe, S

[a] In Klammern = Zahl der verschiedenen Mineralsorten

schen Feld. Sie finden sich bei so unterschiedlichen Lebewesen, wie magnetotaktische Bakterien, Honigbiene und Haustaube [106, 107, 108].

Allerdings bringt ein Skelett auch Nachteile mit sich, wie Gewichtserhöhung und Einschränkung der Beweglichkeit. Hinzu kommen Probleme in der Produktion und laufenden Unterhaltung. Das sind für Lebewesen vielfache Gründe, auf ein Mineralskelett zu verzichten.

Dem Paläontologen ist das *Mineralskelett* häufig das einzige vom Lebewesen überlieferte Zeugnis. Aber die Wissenschaft hat gelernt, auch aus Indizien Evolutionsgeschichte zu rekonstruieren. Der chemisch-mineralogische Befund hat hier häufig besondere Aussagekraft, denn der Mineralstoffwechsel des Organismus ist ein wichtiger Teil seiner Biochemie. Bezeichnenderweise sind die meisten Biomineral-Strukturen also die Skelette im weiteren Sinne, zusammengesetzte Bildungen, an denen neben den Mineralen auch organische Fasern beteiligt sind. Normalerweise wird aus letzteren zunächst eine Matrix, d. h. eine Art Raumnetz oder Fachwerk gefertigt. In deren Maschen werden dann die Mineralkörner orientiert ausgeschieden. Die Matrix dient bei der Fertigung als Schablone und als laufende Strukturkontrolle [37, 92]. Mechanisch ist das ganze einer Stahlbeton-Konstruktion vergleichbar.

Erstaunlicherweise können auch Bakterien solche Strukturen fertigen, selbst die erdgeschichtlich ältesten Gruppen (Abb. 66, 67b, S. 115). Das

Blaubakterium *Geitleria* baut ein dickwandiges Außenskelett aus parallel angeordneten Kalknadeln auf, die in der organischen Schleimhülle zu Lagen geordnet sind, und zwar so, daß die Nadelrichtungen der höheren Lage kreuzweise zu denen in der tieferen Lage stehen. Das ergibt ein Bauwerk von hoher Festigkeit. Ein anderes Beispiel ist das Eisenbakterium *Leptothrix*. Dieses bindet Eisenoxide und -hydroxide in ein organisches Fachwerk der Zelloberfläche ein. Magnetotaktische Bakterien erzeugen in ihrer Zelle Ketten aus Magnetitkriställchen (Fe_3O_4), die in einer organischen Scheide stecken. Dem Lebewesen dient die Nadel beim Schwimmen als biomagnetischer Kompaß [106].

Oft sind Dutzende verschiedener organischer Makromoleküle an der organischen Keimbildung und am Wachstum der Kristalle beteiligt. Das zeigt, wie vielfältig die biochemischen Verfahrenswege sind und wie kompliziert die Versorgungs- und Regulierungsvorgänge sich gestalten. Die Struktur der Matrix ist auch in fossilen Skeletten rekonstruierbar, selbst wenn die organische Komponente vergangen ist. Entsprechende Hinweise lassen sich aus den Kristallformen und ihren Verbandsmustern, aus der Spurenelement-Verteilung oder aus der Isotopenchemie gewinnen. Vielfach finden sich in fossilen Skeletten aber noch identifizierbare Reste der organischen Matrix erhalten, manchmal sogar in solchen, die mehrere hundert Millionen Jahre alt sind.

Zum Beispiel kennt man aus dem Erdaltertum Schalenreste des Kopffüßers *Nautilus,* in denen sich das netzförmige Gerüst der organischen Matrix gut konserviert hat [43]. Die Feinstruktur entspricht derjenigen wie man sie in vergleichbaren Schalen heutiger Zeit findet. Analysen zeigen, daß auch das Muster der Aminosäuren mit dem der heutigen Vertreter vergleichbar ist. Aber solche Befunde sind Einzelfälle, jedenfalls soweit sie aus dem Erdaltertum stammen. Häufiger kennt man sie aus späterer Zeit. Die Erhaltungen sind meist besonderen Bedingungen zu verdanken, die bewirken, daß der Körper frühzeitig, d. h. kurz nach der Einbettung im Sediment, hermetisch eingesiegelt wird, so daß Entgasung und Stoffaustausch mit der Umgebung verhindert werden. Kieselsäure ist ein solches in der Natur verbreitetes und effektives Konservierungsmittel.

Mit dem Vergleich der fossilen und rezenten Befunde kommt man der biochemischen Evolution auf die Spur. Das sei an Beispielen der wirbellosen Tiere erläutert. Bei Muscheln, Schnecken und anderen Weichtieren setzt sich die organische Schalen-Matrix aus einer Mischung von Gerüstproteinen (z. B. Keratin, Myosin) und Chitin zusammen. Vom Stamm der Schnecken sind die Altschnecken *(Archaeogastropoden)* im Erdaltertum besonders verbreitet (Abb. 27). Einige ihrer Nachfahren haben sich bis heute relativ unverändert erhalten. Abweichend von den modernen Schnecken enthält deren Schalenmatrix neben Protein und Chitin ver-

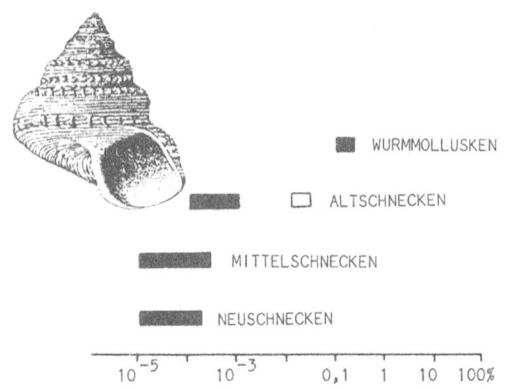

Abb. 27. Gehalte an Glukosamin in den Schalen verschiedener Mollusken. *Schwarz:* Gehalte in der Prismenschicht; *hell:* Gehalt in der Perlmuttschicht. Vereinfacht nach Hare & Abelson (1965). Das Bild zeigt die Altschnecke *Pleurotomaria*

schiedene Mucopolysaccharide, örtlich in beträchtlichen Anteilen von 6–7% der Gesamtmasse. Interessant ist die Feststellung, daß die Mucopolysaccharide an der Kalkausfällung keinen Anteil nehmen. Auch von den Proteinen scheinen nur einige, nämlich die mit viel Asparaginsäure, an der Schalenbildung direkt beteiligt zu sein. Die anderen Proteine und die Mucopolysaccharide haben also mit der Mineralisation nichts zu tun. Sie deuten sich damit vielleicht als Reliktsubstanzen einer Urschale, die noch nicht mineralisiert und bei den präkambrischen Vorfahren ausgebildet war. Erst mit dem Paläozoikum ist dann anscheinend die Produktion von Carbonatschalen stärker ingang gekommen. Der hier entscheidende Schritt in der biochemischen Evolution beinhaltet die Fähigkeit, kalkliebende Proteinsorten zu synthetisieren, d.h. solche, die mit Asparaginsäure angereichert sind [37].

Auch in anderen Merkmalen spiegeln die Skelette biochemische Evolution wider: sie sind bei höheren Organismen meist komplizierter zusammengesetzt als bei niederen. Im vielzelligen Tier kommen mehrere Skelettbildungen oft nebeneinander an verschiedenen Bauplätzen vor: in der Zelle, außerhalb der Zelle und zwischen den Zellen. Bakterien und andere Einzeller sowie die Pilze entwickeln ihr Skelett je nach Art nur an einer dieser Stellen (vgl. Abb. 67a, S. 115) [106].

Im Stoffbestand lassen sich gewisse Schwerpunkte erkennen. Zwei Drittel aller bekannten Skelette bestehen aus Calcium-Mineralen, zwei Drittel enthalten Wasser und OH-Gruppen, ein Viertel hat kolloidalen Zustand. Einige der dafür verantwortlichen Gründe sind offenbar. Calcium ist meist reichlich verfügbar und als lebensnotwendiges Element in viele

Stoffwechselprozesse verwickelt. Auch sind Calcium-Minerale in ihren mechanischen und chemischen Eigenschaften geeignete Gerüstbausteine für Skelette. H_2O und OH-Gruppen bieten günstige Stellen zur Anlagerung von organischen Molekülen.

Carbonate sind gegenwärtig die meist verbreiteten Biominerale. Opal, d. h. wasserhaltige amorphe Kieselsäure ($SiO_2 \cdot nH_2O$) liegt in der Verbreitung an zweiter Stelle, Eisen(III)-oxide und -hydroxide an dritter und Magnetit (Fe_3O_4) vermutlich an vierter. Carbonate und Kieselsäure sind auch die hauptsächlichen fossil erhaltenen Biominerale der Meeressedimente. Carbonate finden sich als Bioprodukt in fast allen Tierstämmen, bei Bakterien, Algen und Tieren. Kieselsäure kommt bei Bakterien, Pflanzen und niedrigen Tieren, Phosphat heute mehr bei höheren Tieren vor. Bei Einzellern einerseits und bei Weichtieren (Mollusken) andererseits kann die Mineralzusammensetzung von Gruppe zu Gruppe wechseln. Stachelhäuter

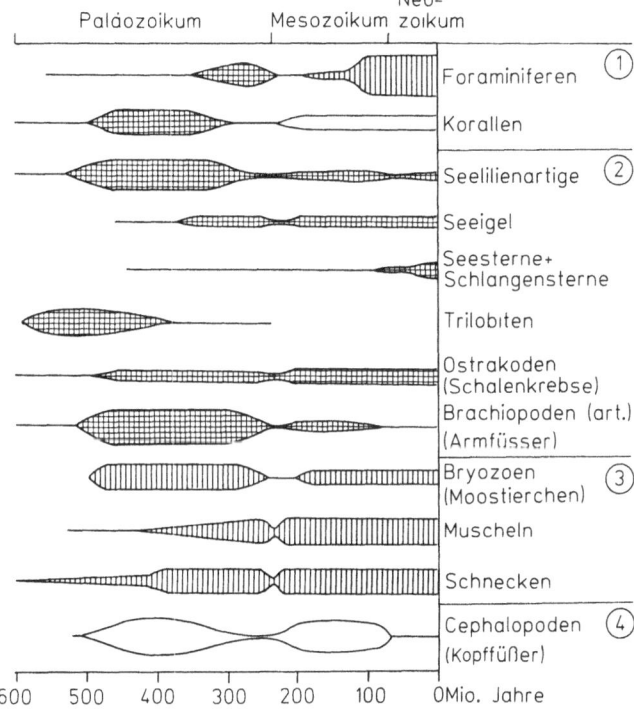

Abb. 28. Tierische Carbonat-Skelette der letzten 600 Millionen Jahre *(Abszisse)*. *Kreuzschraffur:* nur Calcit vorhanden, *Leerfelder:* Aragonit ausschließlich vorhanden oder stärker verbreitet, *senkrechte Schraffur:* Calcit stärker verbreitet. Verändert nach Lowenstam (1963, 1981)

(Echinodermen) und Halbsaitentiere *(Hemichordaten)* dagegen bilden nur eine Mineralart aus, nämlich Calcit. Wie man sieht, haben sich einige Stämme frühzeitig auf ein bestimmtes Skelettmaterial festgelegt, während andere ihr Wahlvermögen erhalten haben (Abb. 28). Auch die Zahl der im Skelett gemeinsam vorkommenden Minerale ist von Gruppe zu Gruppe unterschiedlich. Algen und niedere Tiere enthalten in ihren Körpern meist nur eine Mineralart, nur bei Hohltieren werden manchmal zwei Sorten und zwar in verschiedenen Teilen des Körpers, abgeschieden. Nadelskelette, z. B. die der Schwämme, enthalten meist nur ein Mineral. Sind in

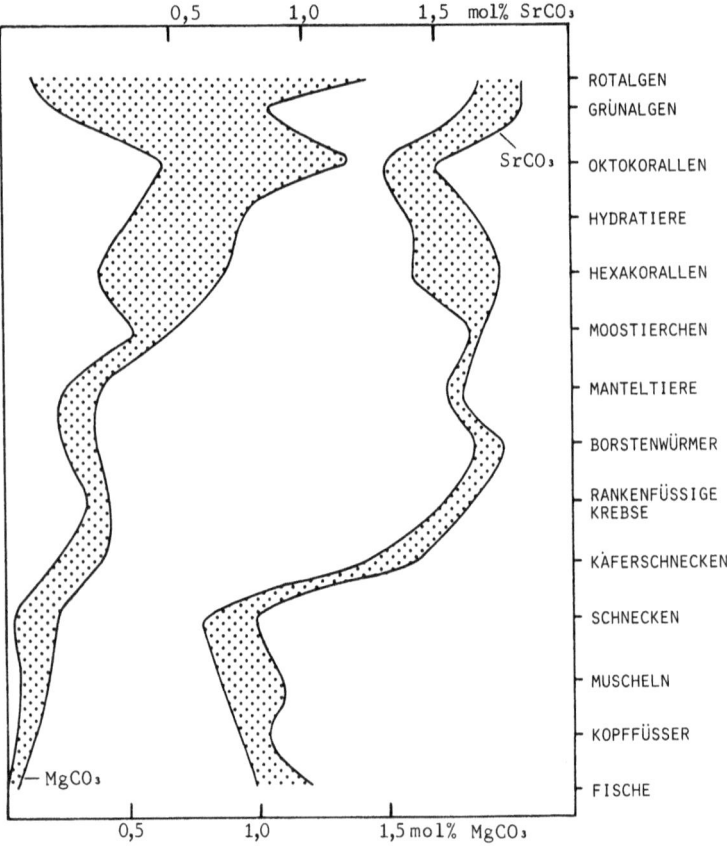

Abb. 29. Gehalte an Magnesiumcarbonat und Strontiumcarbonat in den aragonitischen Hartteilen der Tiere. Bei den höheren Tieren sind die Gehalte geringer als bei niedrigen Tieren und Algen. Die Kurvenbänder zeigen den Trend auf. Der Darstellung liegen Analysen von Organismen der Bermuda-Küste zugrunde. Vereinfacht nach Lowenstam (1963)

einem Skelett zwei Minerale kombiniert, so bauen diese auch zwei verschiedene Kleinarchitekturen auf. Im Mollusken-Körper finden sich manchmal deren drei, in der Schale der Schnecke *Patella* zum Beispiel die beiden Modifikationen des Calciumcarbonats, Calcit und Aragonit, dazu in den Mundwerkzeugen das Eisenmineral Goethit. Im Wirbeltier bilden Phosphate die vorherrschenden Minerale, aber in den Knochen kann bis zu 10% Carbonat enthalten sein (Abb. 30). Eierschalen der Landwirbeltiere und die Gehörsteine der Fische sind vorwiegend carbonatisch [108].

Bei dem Carbonat-Skelett der Kalkalgen und wirbellosen Tiere sind die Unterschiede im Strontium- und Magnesium-Gehalt interessant (Abb. 29). In denen der Kalkalgen streuen die Gehalte an $MgCO_3$ enorm. Offenbar fehlt den Algen die Fähigkeit, Calcium und Magnesium im Stoffwechsel getrennt zu behandeln. Bei Tieren besteht die Tendenz im Laufe der Evolution die Magnesium-Gehalte der Schale zu reduzieren. Auch deren Strontium-Gehalte werden bei höheren Tieren vermindert. Algen und niedere Wirbellose haben relativ viel Strontium im Skelett, Wirbeltiere und höhere Weichtiere (Mollusken) wie Schnecken, Muscheln und Kopffüßer bedeutend weniger. Offenbar spiegelt sich in allen diesen Merkmalen ein Stück biochemischer Evolution wider, in deren Verlauf sich das Auswahlvermögen bei der Aufnahme von Ionen aus dem Wasser und ihre Behandlung in der Zelle verfeinert. Im Ergebnis entsteht ein

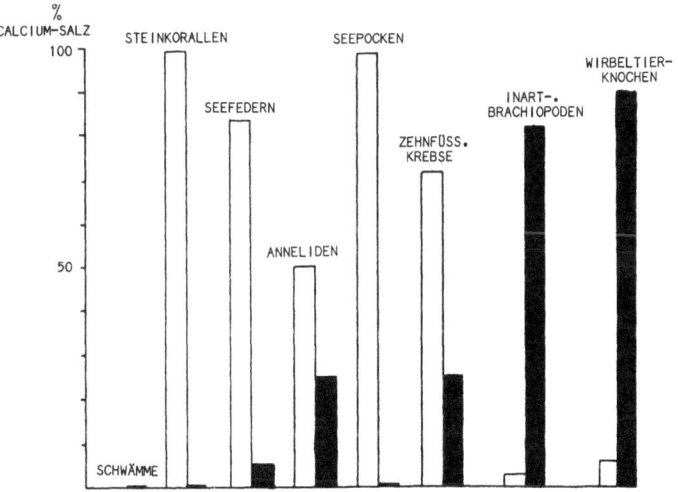

Abb. 30. Durchschnittsgehalte von Calciumcarbonat *(weiße Säulen)* und Calciumphosphat *(schwarze Säulen)* in den verschiedenen Tierstämmen. Die Werte beziehen sich auf den Gesamtgehalt an Ca-Salzen = 100% (einschließlich Ca-Sulfate usw.). Nach Pautard (1961)

Kalkskelett von höherer chemischer Reinheit. Allerdings werden im einzelnen die Verhältnisse noch von äußeren Faktoren wie Wassertemperatur, Wasserdruck, Lösungsgenossen usw. beeinflußt. Soweit der Befund an rezenten Organismen [105].

Zusätzliche Informationen kommen von den Fossilien. Die interessanteste davon besagt, daß in der Geschichte der Lebewelt mehrere voneinander verschiedene, Biomineral-Generationen aufeinanderfolgen (Abb. 31). Das beginnt kurz vor dem Kambrium mit einer ersten Phosphat-Generation mit ihren verschiedenen Bildungen: Wohnröhren und Mundwerkzeuge wurmartiger Organismen, Schalen primitiver Armfüßer *(Brachiopoden)* und Hautpanzer von Gliederfüßlern. Im Kambrium bahnt sich dann die Entwicklung der ersten Carbonat-Generation an. Diese zeigt in ihren Anfängen noch untypische Züge. Zur Frühphase gehören die Urbecher *(Archaeocyathen)*, eine urtümliche Gruppe schwamm-ähnlicher Lebewesen mit einem Carbonat-Skelett, dessen Biosynthese-Technik nicht klar ist (Abb. 61 c, S. 107). Der Stamm stirbt bereits im Laufe des Kambrium wieder aus. Die Stachelhäuter *(Echinodermen)*, zu denen heute noch u. a. die Seelilien, Seesterne und Seeigel zählen, waren im Kambrium gleich mit fünf verschiedenen Klassen vertreten. Für den ganzen Stamm ist eine besondere Form der Mineralchemie charakteristisch. Das Mineralskelett bil-

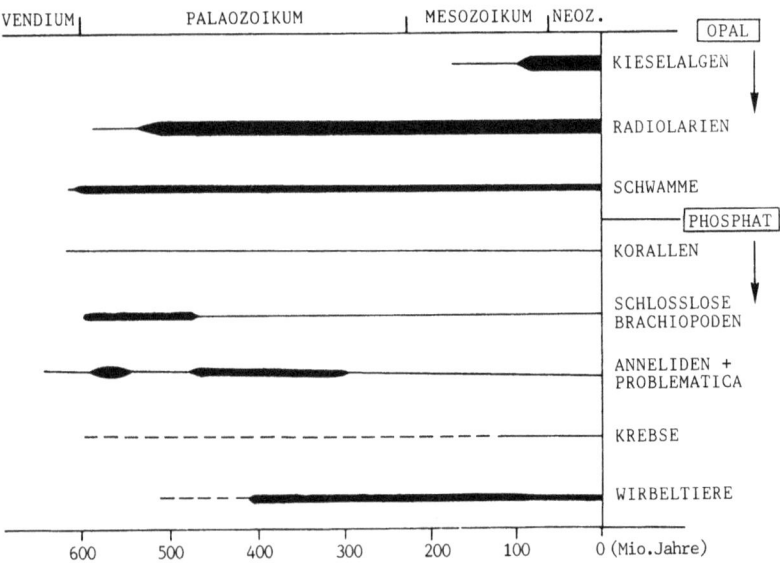

Abb. 31. Vorkommen von Lebewesen mit Kieselsäure-Skelett *(oben)* und Phosphat-Skelett *(unten)*, dargestellt über die letzten 600 Millionen Jahre *(Abszisse)*. Verändert nach Lowenstam (1963)

det sich nicht als Ausscheidung auf der Außenfläche des Körpers, sondern in einer Mittelschicht der Körperwand. Es enthält auch nur Calcit, keinen Aragonit.

Etwa vom Ordovizium ab, d.h. kurz nach der 500 Millionen Jahresmarke, entfaltet sich die *erste Carbonat-Generation* zur Blüte. Die Mehrheit der wirbellosen Meerestiere produziert jetzt ein Carbonat-Skelett (Abb.28). Etwa 120 Millionen Jahre später, im Devon, erreicht die Entwicklung ihren Höhepunkt. In ihrer Artenvielfalt übertrifft sie jetzt die vorausgegangene Phosphat-Generation bei weitem. Einer der Gründe dafür ist besonders offenbar: Im Ozeanwasser ist viel mehr Calciumcarbonat verfügbar als Calciumphosphat. Die Mengenverhältnisse betragen etwa 300:1 (bezogen auf die relativen Löslichkeiten).

Die erste Carbonat-Generation hat eine wechselvolle Geschichte, in deren Verlauf die Vorherrschaft mehrfach von einem Tierstamm auf andere übergeht. Im frühen Erdaltertum sind Stachelhäuter und kalkschalige Armfüßer die Carbonat-Erzeuger ersten Ranges, danach treten andere Gruppen in den Vordergrund, Korallen, Moostierchen *(Bryozoen)*, Kopffüßer *(Cephalopoden)* und die Fossilgruppe der Stromatoporen (Abb.26, S.43). Im späten Paläozoikum werden Schnecken, Muscheln und kalkschalige Foraminiferen, eine Gruppe der Einzeller, bedeutend. An der Wende zum Erdmittelalter kommt es zu einem Umbruch, der zur *zweiten Carbonat-Generation* überleitet. Deren Entwicklung und Ausbreitung dauert bis in die frühe Kreide an. Einige der alten Produzenten, vor allem festsitzende Vertreter der Stachelhäuter, werden verdrängt. Andere Stämme wechseln ihren Bestand aus und erscheinen mit neuen Entwicklungen. Im Resultat werden Kalkalgen, Korallen, Muscheln und Armfüßer zu den Haupterzeugern der Carbonatlager. Schließlich von der Kreide ab entwickelt sich eine *dritte Carbonat-Generation,* und zwar eigenartigerweise im Plankton der Meere. Hier sind pflanzliche Einzeller, wie die Beerenalgen *(Coccolithophoriden)* und tierische Einzeller aus der Gruppe der Foraminiferen beteiligt. Darüber wird später noch gesprochen (Abb.33, S.57).

Ein interessantes Mineral steht mit allen diesen Entwicklungen im Zusammenhang, es ist der *Aragonit,* die rhombisch kristallisierende Modifikation des Calciumcarbonats. Nicht der hexagonale Calcit, sondern Aragonit ist die Form, die sich gewöhnlich aus dem Meerwasser ausscheidet. Aragonit ist auch häufiger Baustein in Pflanzen und Tieren. Das ist insofern eigenartig, als nicht Aragonit, sondern Calcit die stabile Form des Calciumcarbonats darstellt. Die Anomalie erklärt sich wohl mit besonderen Ausscheidungsbedingungen der Natur. Im Meerwasser begünstigen höhere Wassertemperaturen und bestimmte Lösungsgenossen die Bildung von Aragonit. Skelette aus Aragonit sind in tropischen Gewässern stärker verbreitet als in denen kühlerer Zonen.

Aragonit ist aber auch als Indikator der biochemischen Evolution verwertbar. Dem Befund zufolge scheint die erste Carbonat-Generation, also die des Erdaltertums mit der Aragonit-Synthese noch Schwierigkeiten gehabt zu haben. Zwar ist das im einzelnen nicht immer nachweisbar, da Aragonit im Laufe der Fossilisation in Calcit übergeht. Aber häufig ist aus der Feinstruktur der Schale erkennbar, welche der beiden Modifikationen ursprünglich vorhanden war. In Ausnahmefällen bleiben Aragonit-Kristalle auch über längere Zeit beständig, sogar über mehr als 200 Millionen Jahre. Solche Beispiele sind von Muschelschalen der Trias-Formation bekannt [43].

Mit der Wende vom Erdaltertum zum Erdmittelalter, also von der ersten zur zweiten Carbonat-Generation, wird Aragonit zum mehr bevorzugten Skelettmineral. Besonders ausgeprägt findet sich diese Tendenz u. a. bei den Korallen, Nautiloiden (einer Gruppe der Kopffüßer) und auch bei anderen Mollusken. Gleichzeitig scheint der Magnesium-Gehalt der Schalen abzunehmen. Grundsätzlich sind Aragonit-Skelette ärmer an Magnesium als solche aus Calcit. Aragonit ist hier ein Merkmal der fortgeschrittenen biochemischen Evolution: In den Organismen hat sich das Auswahlvermögen bei der Materialaufnahme und Materialbehandlung verbessert.

Im einzelnen liegen die Verhältnisse aber vielfach komplizierter. Kalkausscheidende Grünalgen und Korallen zum Beispiel enthalten in ihrem Aragonit oft viel Strontium, sogar mehr als im Meerwasser vorhanden ist, wenn man den Calciumgehalt zur Vergleichsgrundlage nimmt. Folglich bevorzugen die genannten Organismen das Element Strontium sogar bei ihrer Stoffaufnahme. Im Calcit der Mollusken dagegen entspricht das Calcium-Strontium-Verhältnis in etwa dem des Meerwassers. Hier wird also keines der Elemente besonders an- oder abgereichert. Anders liegen die Verhältnisse wieder bei der dritten Carbonat-Generation, also beim kalkproduzierenden einzelligen Plankton der Kreidezeit und später. Deren Skelette bestehen nur aus Calcit und enthalten mehr Strontium, sind aber durchweg bemerkenswert arm an Magnesium [105, 107]. Das gilt sowohl für die tierischen wie die pflanzlichen Vertreter der Lebensgemeinschaft. Auf diese Gruppe wird im nächsten Kapitel noch näher eingegangen.

Auch in der Geschichte der *Phosphat-Organismen* folgen drei Generationen zeitlich aufeinander, die keine direkte Beziehung zueinander haben (Abb. 31). Die Vertreter der ersten Generation sind die bereits besprochenen Röhrenorganismen der geologischen Frühzeit, offenbar recht urtümliche Entwicklungen, die vermutlich noch kein effektives Hautgewebe ausgebildet haben, wie es bei höheren Tieren den Gas- und Wasseraustausch mit der Umgebung reguliert. Auch war wohl das biochemische Anreicherungsvermögen für Nährsalze noch nicht sehr hoch. Ob der Bedarf an Phosphor, wie er für die Biomineralisation benötigt wird, dann gedeckt werden kann, hängt sehr vom jeweiligen Angebot im Meerwasser ab. Sinken die Konzentrationen im Meerwasser, kommt es zu Mangelzuständen bei der Röhrenbildung. Diese Abhängigkeit vom Milieu hat der ersten Phosphatgeneration offenbar Grenzen gesetzt.

Im Erdaltertum erscheint mit den Wirbeltieren eine *zweite Phosphat-Generation*. Fische, wie auch die anderen Wirbeltiere decken ihren Phosphor-Bedarf ausschließlich aus der Nahrung. Sie werden damit vom unmittelbaren Angebot des Meerwassers unabhängig. Ähnliches gilt auch für *die dritte Phosphat-Generation,* den zehnfüßigen Krebsen, die sich vom höheren Erdmittelalter an ausbreiten.

Es bleibt die Frage, was die Ursache dieser eigenartigen Aufeinanderfolge von Biomineral-Generationen ist. Das ist im einzelnen schwer zu sagen. Natürlich prägt sich hier zum Teil eine biochemische Evolution aus. Merkwürdig ist nur, daß oft in ein und derselben Generation verschiedene Stämme der Tiere und Pflanzen vertreten sind, die systematisch nichts miteinander zu tun haben. Solch kollektives Verhalten läßt sich nur aus übergeordneten Ursachen erklären, wie sie von großen Umbrüchen in der irdischen Umwelt ausgehen können.

Phytoplankton, ein Vorreiter der Evolution

Pflanzliches Plankton bildet im Meer das große Nahrungsreservoir, aus dem sich die Tiere direkt oder indirekt versorgen. So ist es nicht überraschend, daß Phytoplankton und Meerestiere in ihrer stammesgeschichtlichen Entwicklung Gemeinsamkeiten aufweisen. Jeder Blütezeit der planktonischen Entwicklung scheint bald eine solche der Tiere nachzufolgen. Umgekehrt geht in Krisenzeiten des Planktons oft auch das tierische Leben zurück. Das Phytoplankton nimmt also in der Lebewelt des Meeres eine Schlüsselstellung ein [169, 170].

In seiner Geschichte sind die letzten 150 Millionen Jahre besonders interessant. Die Zeit ist gekennzeichnet durch eine explosive Entfaltung in verschiedene Stammlinien, in denen unterschiedlichste biochemische Produkte erzeugt werden, Pigmente, Reservestoffe und Biominerale. Mineralskelette kommen bei Phytoplanktonten älterer Zeit auffällig selten vor. Von diesen hatten die meisten eine aus organischen Materialien zusammengesetzte Zellwand. Soweit rekonstruierbar, bestand diese aus einem Grundgerüst von Cellulose oder anderen Polysacchariden und enthielt dazu eine Imprägnation aus *Sporopolleninen*. Das sind polymere Substanzen, die sich vielleicht von Carotinoid-Estern ableiten. Derart imprägnierte Wandstrukturen sind sehr widerstandsfähig gegen Zersetzung. Das Bauprinzip hat sich so gut bewährt, daß die Landpflanzen es beibehalten haben, und zwar in den Wänden ihrer Sporen, den einzelligen Vermehrungskörpern. Bei diesen ist der Gehalt an Sporopollenin gegenüber dem der Algen noch beträchtlich erhöht (vgl. Abb. 48, S. 85).

Im jüngeren Erdmittelalter erscheinen vermehrt Plankton-Formen mit Kalk- und Kieselskeletten (Abb. 32, Abb. 33 c, d). Tiere mit *Kieselskeletten* sind allerdings schon im Erdaltertum vertreten. Zum Plankton dieser Zeit gehörten die Strahlentierchen *(Radiolarien)* (Abb. 61 a, b, S. 106), zur Bodenwelt die Kieselschwämme. Im tiefen Jura erscheinen erstmals die Kieselalgen, die auch heute noch Hauptvertreter des pflanzlichen Planktons sind (Abb. 32). Wenig später kommen Kieselflagellaten und ähnliche Entwicklungen hinzu (Abb. 33 d). Im Mitteltertiär erscheinen die Ebriden, eine weitere Gruppe von Geißeltierchen mit Kieselskelett. Zur gleichen Zeit gehen die Kieselschwämme, also die Bewohner des Meeresbodens in drastischer Weise zurück. Was davon überlebt, verwendet weniger Kieselsäu-

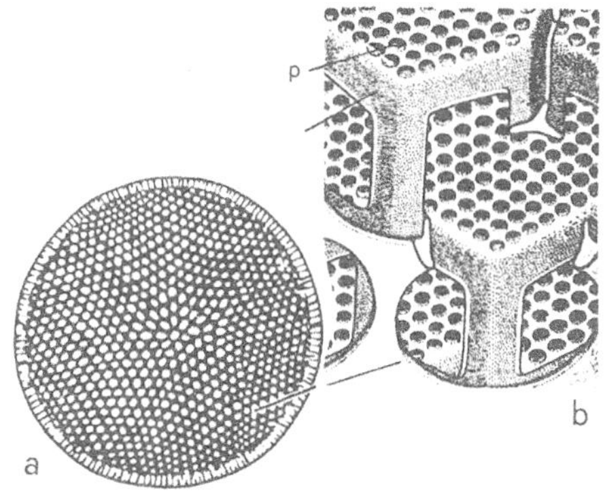

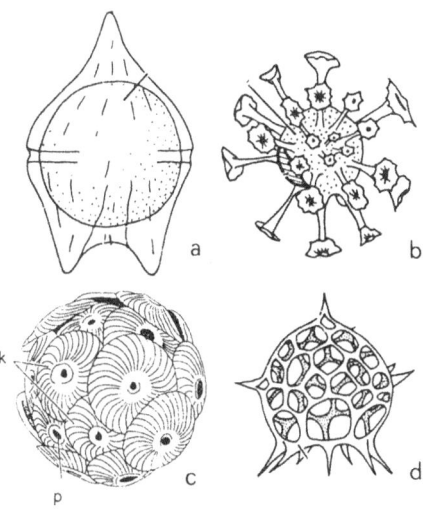

Abb. 32. (a) Kieselalge (Diatomee), ca. 30 µm groß mit Poren von ca. 0,5 µm Durchmesser, *(b)* Ausschnitt der Kieselschale in stärkerer Vergrößerung. *L*, Porenleiste; *P*, innere Siebstruktur der Poren. *(a)* Nach Brasier (1980), *(b)* nach Okuno (1975) aus Bonik (1979)

Abb. 33 a–d. Phytoplankton. *(a, b)* Dinoflagellaten, *(c)* Coccolithophoride (Beerenalge). *k*, Kalkscheibe; *p*, Pore. *(d)* Silicoflagellat. Nach Brasier (1980)

re und baut dafür mehr Protein in die Nadeln ein. Offenbar sind die Schwämme in Versorgungsnot geraten, weil das Plankton nun dem Meerwasser zu viel Kieselsäure entzieht. Auch in den kieseligen Biosedimenten prägt sich dieser Umbruch aus. Feuersteine und Hornsteine, in denen viel Material aus Schwammskeletten enthalten ist, haben vor dem Tertiär große Verbreitung und werden dann merklich spärlicher. Von da ab erscheinen vermehrt Diatomeen-Schlämme und andere Ablagerungen der Kieselalgen in den Schichtprofilen [106].

Heutiges Meerwasser ist an Kieselsäure stark untersättigt. Nicht zuletzt ist das den Plankton-Organismen zuzuschreiben, die dem Meerwasser gewaltige Mengen Kieselsäure entziehen, diese aber nur unvollständig zurückliefern. Viel davon sammelt sich auf dem Meeresgrund an, da wo sich die abgestorbenen Algenkörper ablagern.

Die explosive Entfaltung der Kieselplanktonten im späten Erdmittelalter ist ein eigenartiges Phänomen, dessen Ursachen schwer zu deuten sind. Verständlich ist noch die Tatsache, daß auf eine ältere Plankton-Generation mit organischem Skelett eine solche mit Mineralskelett folgt. Es ist nicht selten in der Evolution der Fall, daß Mineralskelette sich im Anschluß an ein Stadium mit organischen Skeletten entwickeln. Denn für die Biochemie der Zelle ergeben sich mit der Umstellung Vorteile. So wird mit Einbau von Biomineralen Energie gespart. Die Herstellung des Kieselskelettes benötigt nur einfache Teilschritte, wie Aufnahme von $Si(OH)_4$-Einheiten in die Zelle, Ablage dieser Moleküle am Bauplatz und deren Polykondensation zu größeren Bausteinen. Der Prozeß erfordert nur etwa ein Zehntel bis ein Fünftel des Energieaufwandes, wie er für die Ausführung in Cellulose und Chitin nötig wäre [10]. Kieselsäure ist auch bei verschiedenen höheren Pflanzen ein beliebtes Baumaterial. Die frühen Gefäßpflanzen haben die Technik offenbar mit an Land genommen. Bei einigen von ihnen ist die Kieselsäure bis heute eine bedeutende Strukturkomponente geblieben, so bei Schachtelhalmen und Gräsern.

Aber zurück zum Plankton. Die Kieselalgen nehmen die $Si(OH)_4$-Einheiten als Ionen zusammen mit anderen Nährstoffen aus dem Wasser auf. Silicium-Verbindungen in wässriger Lösung haben adsorbierende Eigenschaften und sind effektive Sammler für Salze und Nährstoffe. Ursprünglich waren sie möglicherweise auch am Stofftransport in der Zelle beteiligt. Im Stoffwechsel der Organismen, auch in dem der Tiere scheint zum Beispiel eine Beziehung zwischen Calcium und Silicium zu bestehen. So produzieren einige Schwämme ihre Kieselnadeln innerhalb einer organischen Matrix, die selbst wieder in ein Kalkskelett eingebettet ist. Das Beispiel könnte besagen, daß Matrix-Bildung, Calcifizierung und Silifizierung in der frühen Evolution manchmal verbunden waren [106]. Bei Kieselalgen scheint die Kieselsäure außerdem bei der DNA-Synthese, wie sie während der Zellteilung abläuft, eine Rolle zu spielen [190].

In anderen Beispielen sind Biomineralisation und Photosynthese verknüpft. So verwerten die Beerenalgen *(Coccolithophoriden)* Calcium und Bikarbonat-Ionen zu Calciumcarbonat und benutzen den dabei anfallenden Überschuß von CO_2 für die Photosynthese (Abb. 33 c).

Groß ist die Vielfalt der von den Phytoplanktonten erzeugten *Reservestoffe*. Stärke, Pektine und andere Kohlenhydrate, Fette und fette Öle, Alkohole und anderes kommt vor. Manches davon ist für eine bestimmte Algen-Gruppe spezifisch. Ähnlich gruppenspezifisch sind auch die photosynthetischen Pigmente mit ihren verschiedenen gelblich-goldenen oder bräunlichen Farbtönen. Diese entstehen aus der Kombination von Chlorophyll und Zusatzpigmenten, die es den Algen ermöglichen, einen breiteren Bereich des Sonnenspektrums für die Photosynthese auszunutzen. Warum im höheren Erdmittelalter solche Pigmente in der Plankton-Flora plötzlich Verbreitung finden, ist nicht klar. Vielleicht spielen Klima-Änderungen eine Rolle. Tatsächlich hat sich mit Beginn der Jura-Zeit das Erdklima drastisch geändert, von trocken-heißen zu mehr feucht-kühlen Verhältnissen hin. Bei Landpflanzen macht sich zu dieser Zeit die allgemeine Tendenz bemerkbar, die Blattspreite zu vergrößern, was im Effekt auch auf eine bessere Ausnutzung der Sonnenstrahlung hinausläuft. Aber der Klimagang allein gibt keine vollständige Erklärung ab für die zahlreichen biosynthetischen Neuerungen, wie sie im Phytoplankton dieser Zeit in Erscheinung treten. Hier müssen noch übergeordnete Ursachen im Spiel sein.

Ein anderes, noch wenig durchschaubares Phänomen ist die Periodizität, die sich in der jungen Geschichte des Planktons ausprägt. Neue Formen erscheinen plötzlich und unvermittelt, entfalten sich rapide, werden dann wieder weniger und verlöschen. Ein erster großer Höhepunkt ist in der höheren Kreide erreicht. Dann, an der Grenze der Kreide zum Tertiär, kommt es zu einem Niedergang von fast katastrophalem Ausmaß. Alttertiär (Eozän) und Jungtertiär (Miozän) bringen wieder eine Entfaltung, dazwischen im Mitteltertiär (Oligozän) liegt wieder ein Tief. Ähnliche Krisenzeiten hat es auch bereits früher in der Planktongeschichte gegeben. Das eindringlichste Beispiel ist der schrittweise Niedergang im jüngeren Paläozoikum. In auffälliger Weise fallen solche großen Krisenzeiten des Phytoplanktons mit denen der Meerestiere zusammen. Besonders die Partikelfresser, also die Tiere, die sich vom Plankton ernähren, werden davon betroffen. Hier besteht also offenbar eine direkte Beziehung (vgl. Abb. 60, S. 102). Aber das Phytoplankton hat noch weitergehende indirekte Einflußmöglichkeiten. Mit seinen Lebensäußerungen greift es tief in die *Stoffkreisläufe der Erde* ein und ist andererseits in Wechselwirkung auch von diesen abhängig. So wird verständlich, daß die großen Krisen in der Lebewelt mehrheitlich mit geologischen Ausnahmezeiten zusammenfallen. Es sind das solche, in der die Erdkruste in einen starren, inaktiven Zustand verfällt. Die Vulkane erlöschen und damit auch die Stoffzufuhr aus der Tiefe. Der Meeresspiegel sinkt auf ungewöhnlich niedrige Werte, die Landoberflächen verfallen der Einebnung, so daß sie im Ergebnis kaum noch Relief aufweisen. Damit werden die Flüsse träger, die Kontinente rücken zusammen und formieren schließlich eine kompakte Landmasse. Ein solcher Zustand wirkt offenbar lähmend auf die gesamte Stoffzirkulation [169, 170].

Das Angebot an Phosphaten, Nitraten und anderen Nährstoffen, wie sie das Phytoplankton benötigt, ist im Ozean allemal knapp bemessen und vom Nachschub abhängig, wie er von Meeresströmen und binnenseitigen Zuflüssen besorgt wird. Aber in geologisch ereignisarmen Zeiten verlangsamt sich dieser Stoffkreislauf. Im Resultat kann es in den Lebensräumen zu Mangelzuständen kommen, die das Planktonleben dezimieren. Dagegen kehrt sich in Zeiten verstärkter Krustenaktivität mit Gebirgsbildung und Vulkanismus die Entwicklung um. Aus der Gesteinsverwitterung des Festlandes werden Nährsalze frei und ins Meer geführt. Auch die innerozeanischen Strömungen leben auf und befördern Nährstoffe vom Meeresboden nach oben. Damit verbessern sich die Lebensmöglichkeiten für das Plankton wieder.

Krisen des Planktons zeigen nach außen Wirkung. Denn sobald ihre photosynthetische Produktivität nachläßt, wird weniger Sauerstoff in die Atmosphäre abgegeben. Im Effekt steigt damit dort der CO_2-Spiegel. Das wieder beeinflußt die Konzentrationen bestimmter Ionen im Meer, vor allem die der Wasserstoff-, Carbonat- und Bicarbonat-Ionen. Der Gehalt an gelöstem CO_2 wächst, der pH-Wert sinkt. Damit steigt die lösende Aggressivität des Wassers. Betroffen davon sind vor allem Kalksedimente, aber auch die Organismen mit Kalkskelett. Mit verstärkter Auflösung der Carbonate (und ähnlich reagierender Minerale) wird aber der Atmosphäre wieder zunehmend CO_2 entzogen. So wirkt der Ozean als Puffer auf Schwankungen im CO_2-Gehalt der Luft. Im geologischen Profil bleiben solche Ereignisse verewigt, da die Kalklösung hier deutliche Spuren hinterläßt. Sie sind aus der Krisenzeit am Ende der Kreide in weiter Verbreitung überliefert.

Die ersten Landpflanzen

Die Besiedlung des Landes durch Abkömmlinge von Wasserpflanzen stellt eines der großen Ereignisse in der Geschichte des Lebens dar. Fossilreste frühester Landpflanzen sind aus einer Zeit vor 430 Millionen Jahren, also aus der Silur-Formation bekannt (Abb. 34a, b). Aber die Umstände der Landnahme sind in vielen Zügen noch rätselhaft. Merkwürdig ist zum Beispiel, daß die Pflanzen offenbar nicht nur von einer Stelle aus, sondern weltweit und etwa gleichzeitig zum Land aufgebrochen sind. In den folgenden 35 Millionen Jahren, also in einer für die Evolution relativ kurzen

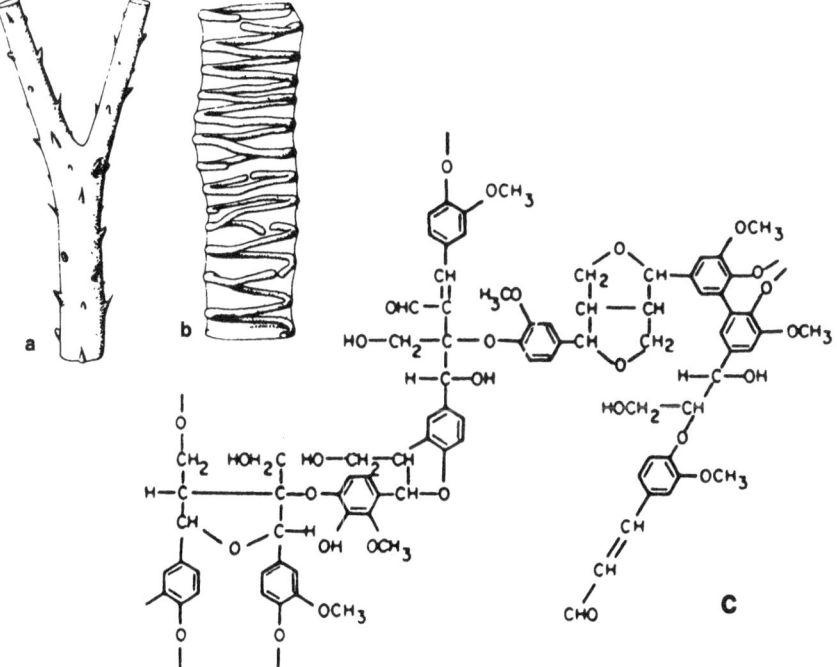

Abb. 34. *(a) Eohostimella*, eine Pflanze des Silurs mit den biochemischen Merkmalen einer Landpflanze. *(b)* Röhren mit Spiralverdickungen aus Ablagerungen des Silurs, gedeutet als Gefäße früher Landpflanzen. *(c)* Teilstück eines Lignin-Moleküls. *(a, b)* Nach Taylor (1982), *(c)* nach Tissot & Welte (1978)

Zeitspanne, hat sich aus den frühen Pionieren bereits eine Nachkommenschaft von verwirrender Mannigfaltigkeit entwickelt. In ihr sind alle prinzipiellen Klassen unserer heutigen Landflora enthalten: Moose, Bärlappgewächse, Schachtelhalme, Farne und Samenpflanzen. Schon im Oberdevon werden die Sümpfe und Moore mit artenreichen Baumwäldern besiedelt, in denen Samenpflanzen mehrfach vertreten sind. Aber erst sehr viel später, gegen Ende des Erdmittelalters, d. h. vor etwa 130 Millionen Jahren erscheinen bedecktsamige Blütenpflanzen. Sie entwickeln sich schnell zur beherrschenden Gruppe des Festlandes.

Für die Anpassung ans Landleben waren Neuentwicklungen der pflanzlichen Biosynthese eine wichtige Voraussetzung. Solche Neuerungen betreffen eine Fülle von biochemischen Produkten wie Alkaloide, Terpenoide, Acetate und Phenol-Verbindungen, besonders aber das Lignin [133]. Es macht einen wesentlichen Bestandteil des Holzkörpers aus, der die stützende Achse in den Sprossen der Landpflanzen bildet (Abb. 34c).

Holz baut sich aus einem Gerüst von Cellulosefasern auf, zwischen die das Lignin eingelagert ist. Aus der Kombination beider Baustoffe resultiert die hohe mechanische Festigkeit des Holzes, wie das für aufrechten Wuchs auf dem Lande notwendig ist. Bei im Wasser flutenden Algen ist ein solches Festigungsgewebe überflüssig, da hier der Körper vom Auftrieb des Wassers getragen wird. Bereits bei den frühen Landpflanzen ist das erfolgreiche Bauprinzip realisiert, wie es sich bis heute bewährt hat. Der Holzkörper durchzieht den Sproß als solider Achsenstrang. In ihm sind die Gefäße der Wasserleitung eingebaut, schlanke röhrenförmige Zellen, die den Sproß von der Wurzel bis zur Spitze durchziehen (Abb. 34b).

Man könnte vermuten, daß es die *Erfindung der Lignin-Synthese* war, die den Zeitpunkt der Landnahme bestimmt hat. Aber einige Indizien sprechen dafür, daß es Lignin schon früher gegeben hat. Denn lignin-artige Substanzen finden sich auch in den Zellwänden einer Art der Grünalgen. Das ist insofern interessant, weil Grünalgen als Ahnen unserer heutigen Landpflanzen infrage kommen. So stimmen beide Pflanzengruppen in wesentlichen Zügen ihrer Biochemie überein, z. B. in den Materialien ihrer Zellwand, in ihren Reservestoffen und in den photosynthetischen Pigmenten. Wenn nun, wie das rezente Beispiel vermuten läßt, Grünalgen des Erdaltertums zur Lignin-Synthese fähig waren, dann fragt man sich, wofür die Substanz ursprünglich gebraucht worden ist, – sicher nicht als Festigungssubstanz, solange die Pflanzen im Wasser lebten. Man hat vermutet, daß die Lignin-Synthese zunächst für die Alge nur ein Behelf war, um giftige Phenolsäuren, die beim Stoffwechsel anfielen, unschädlich in der Zellwand zu speichern. Bei heutigen Grünalgen scheint Lignin auch als Schutzstoff gegen mikrobielle Zersetzung wirksam zu sein [64]. Mit der Anpassung ans Landleben könnte ein anderer Einfluß die Lignin-Produktion gefördert haben. An der Luft ist die Pflanze stärker dem Licht ausgesetzt als im Wasser. Es wird oft vermutet, daß die ultraviolette Strahlung auf der frühen Erde stärker war als heute, jedenfalls solange der schützende Ozon-Schirm der höheren Atmosphäre noch nicht voll ausgebildet war. Für die ersten Landpflanzen wäre damit ein wirksamer Strahlungsschutz lebensnotwendig gewesen. Besonders strahlungsbelastet sind die Blätter. Vielleicht erklärt sich so die Merkwürdigkeit, daß die Landpflanzen erst vom Mittel-Devon ab, also erst nach langer Verzögerung Blätter ausbildeten [168].

Für Pflanzen ist der *Strahlenschutz* ein schwierigeres Problem als für Tiere. Diese schirmen sich meist mithilfe dunkler Pigmente ab, z. B. mit Melaninen, einer Gruppe von Polymeren, die sich von der Aminosäure Tyrosin ableiten. Aber Melanine absorbieren das Licht gleichmäßig über das gesamte Spektrum, sie sind damit für Pflanzen unbrauchbar, da diese bestimmte Bereiche des Spektrums für die Photosynthese benötigen. Bei Pflanzen werden daher zur UV-Abschirmung andere Schutzstoffe, z. B. Flavonoid-Pigmente verwandt. Möglicherweise haben die frühen Landpflanzen ihren Lichtschutz auch aus Derivaten aromatischer Aminosäuren, wie Tyrosin entwickelt und daraus Phenol-Verbindungen erzeugt. Das ist ein Schritt in Richtung zur Lignin-Synthese. Phenylpropanoid-Verbindungen sind im Körper der frühen Landpflanze *Eohostimella* nachgewiesen worden [110, 133].

Wie man folgern möchte, war die Lignin-Synthese also tatsächlich einer der Schlüsselprozesse, der die Herrschaft der Pflanzen über das trockene Land möglich gemacht hat. Das Verfahren war aber möglicherweise schon bei den Algen-Vorfahren für andere Zwecke gebräuchlich, und ist mit der Eroberung des neuen Lebensraumes neuen nützlichen Verwendungszwecken zugeführt worden. Das wäre ein Beispiel dafür, wie eine Eigenschaft seine Funktion wechseln kann.

In der Evolution der Sproßpflanzen hat dann offenbar der Gehalt an Cellulose und Lignin graduell zu und der Anteil an löslichen Sacchariden, Pektinen und Proteinen abgenommen. Auch die Chemie des Lignins hat sich mit der Evolution offenbar etwas gewandelt. So scheint das Lignin heutiger Schachtelhalme und Bärlappe von dem der fossilien Vorfahren verschieden zu sein. Lignin der Nacktsamer enthält etwa 14–16% Methoxy-Gruppen, das der moderneren bedecktsamigen Blütenpflanzen dagegen 20–22% (15). Die Lignine der Nadelhölzer und Laubhölzer unterscheiden sich auch nach Art und Anteil ihrer aromatischen Carbonsäuren. Im alttertiären Ölschiefer von Messel hat man mithilfe dieses Merkmals ein Stück Treibholz als Konifere identifizieren können [66]. Treibhölzer lassen sich oft mikroskopisch nicht mehr bestimmen, weil sie ihre anatomischen Feinstrukturen durch Umwandlungsprozesse verloren haben.

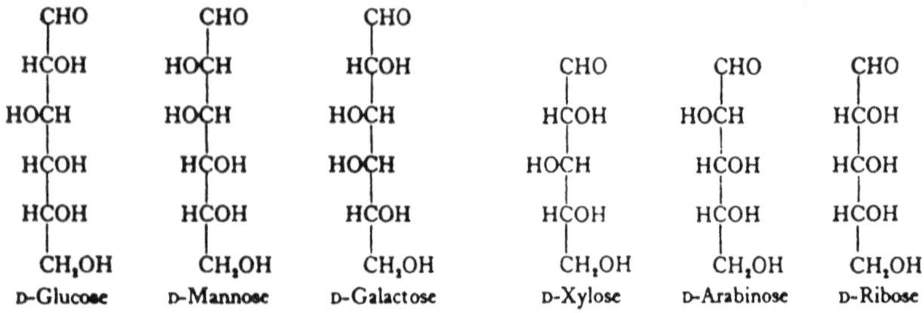

```
CHO           CHO           CHO
HCOH          HOCH          HCOH          CHO           CHO           CHO
HOCH          HOCH          HOCH          HCOH          HOCH          HCOH
HCOH          HCOH          HOCH          HOCH          HCOH          HCOH
HCOH          HCOH          HCOH          HCOH          HCOH          HCOH
CH₂OH         CH₂OH         CH₂OH         CH₂OH         CH₂OH         CH₂OH
D-Glucose     D-Mannose     D-Galactose   D-Xylose      D-Arabinose   D-Ribose
```

Abb. 35. Wichtige Kohlenhydrate in Pflanzen

Auch in der *Chemie der Kohlenhydrate* prägt sich Evolution aus (Abb. 35). Die beiden hauptsächlichen Zucker (Saccharide) in paläozoischen Pflanzen waren Glukose und Galaktose. Von beiden stellt Glukose den am meisten verbreiteten Zucker in den Pflanzen des Erdaltertums wie auch heute dar. Aber im einzelnen verliefen die Entwicklungen verschieden voneinander. Die Schachtelbäume *(Calamiten)* des Steinkohlenwaldes zum Beispiel, haben offenbar mehr Galaktose als Glukose erzeugt und damit mehr Galaktane in die Zellwände eingebaut. Das steht im Gegensatz zu den heutigen Schachtelhalmen, die Cellulose als hauptsächliches strukturbildendes Polysaccharid enthalten. Auch in einigen Schuppenbäumen scheinen mehr Galaktane als Glukane vorhanden gewesen zu sein. Beim Samenfarn *Alethopteris* und dem schachtelhalmartigen Gewächs *Annularia* waren offenbar neben Galaktanen, auch Mannane in den Zellwänden vertreten. Aber die meisten Pflanzen scheinen sich in der Zeit vom Devon zum Karbon von Galaktanen auf Cellulose umgestellt zu haben. Die bei heutigen Pflanzen verbreiteten Xylane scheinen den Steinkohlenpflanzen noch weitgehend gefehlt zu haben. Xylose ist nur in geringen Mengen hin und wieder in den Fossilresten nachweisbar (Swain in 168, [15]).

Vielleicht noch wichtiger als die Holz-Produktion, war für die frühen Landpflanzen die Fähigkeit, Kutine und Suberine zu synthetisieren und daraus wasserdichte Körperbezüge herzustellen. Denn ein Hauptproblem für Landlebewesen ist der stets drohende *Wasserverlust* durch Austrocknung. Selbst Tange, d. h. die derben Algen, die dem Leben in der Gezeitenzone angepaßt sind, können nur kurze Trockenzeiten ohne Schaden überdauern. Sie bewältigen das Problem meist dadurch, daß sie in ihrer Zelle lösliche Oligo- und Polysaccharide konzentrieren, in denen sich viel Wasser einbinden läßt. Damit können sie etwa 10% ihrer Körperfeuchtigkeit festhalten. So gelingt es ihnen etwa einen Tag auf dem Trockenen zu überstehen.

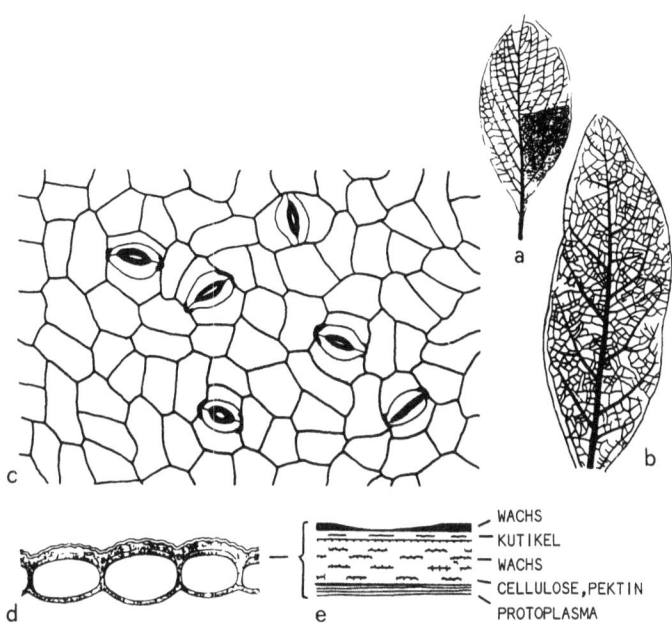

Abb. 36. (a, b) Blätter des Lorbeergewächses *Ocotea* aus dem eozänen Ölschiefer von Messel bei Darmstadt, *(c)* die erhaltene Blattoberhaut unter dem Mikroskop, *(d)* schematischer Querschnitt durch die Zellen eines Blattes, *(e)* Querschnitt der Blattepidermis in stärkerer Vergrößerung. *(a–c)* Nach Sturm (1971), *(d)* nach Strassburger (1979), *(e)* nach Mazliak (1968)

Landpflanzen sind oberflächig von einem Hautgewebe umkleidet, dessen Außenlage von einer Kutikula, einer Schicht aus wachsartigen Substanzen gebildet wird (Abb. 36). Die Kutikula ist weitgehend wasserdicht, aber so konstruiert, daß sie den Gasaustausch mit der Umgebung ermöglicht. Kutin bildet den Hauptteil der Pflanzenkutikula. Es bedeckt vor allem die epidermale Umhüllung von Sproß und Blättern. Eine verwandte Substanz, das Suberin ist an der Oberfläche von Wurzeln und im Wundgewebe verbreitet. Suberin und Kutin sind keine homogenen Substanzen. Sie bestehen vorwiegend aus polymeren querverbundenen Strukturen von Fettsäuren und Alkoholen. Kutin ist chemisch eine komplexe Verbindung von Glycerol-Estern und höheren Fettsäuren. Kutinsäure ($C_{26}H_{50}O_6$) und die kutinige Säure ($C_{13}H_{12}O_5$) sind ihre wesentlichen Komponenten. Pflanzen-Kutikulen enthalten zwischen 50 und 90% Kutin. Der Rest setzt sich aus Ligninen, Tanninen, aliphatischen Alkoholen, Triterpenen und anderem zusammen. Das ganze ist hochwiderstandsfähig gegen den Angriff von Mikroben und gegen Oxidation.

In den frühen Pflanzen des Silurs und Devons hat man verschiedentlich Dehydroxy-Fettsäuren nachgewiesen, wie sie als fossile Abkömmlinge des Kutins und Suberins gelten können [128]. Der erfolgreiche Schritt zum Landleben war offenbar an die Fähigkeit gebunden, normale Fettsäuren zu hydroxylieren und die Produkte zu wasserdichtem Kutin zu polymerisieren, das dann zusammen mit anderen wachsartigen Komponenten auf der Außenseite der epidermalen Zellen abgeschieden wurde. Solche hydrophoben Überzüge können wie gesagt Wasser viel wirksamer zurückhalten als die Zellwände aus Polysacchariden, wie Algen sie besitzen (Tabelle 5).

Tabelle 5. Chemische Zusammensetzung der Landpflanzen (wasserfrei, Gew.%). (Nach Francis 1954 aus [15])

Substanz	Holz	Sporenwand Kutikel	C	H	O
Cellulose	45 –65	10–20	44,4	6,2	49,4
Andere Saccharide	–	5–15	68,0	9,5	22,5
Lignin	20 –45	wenig	63,2	6,1	30,7
Proteine	12 –16	wenig	53,5	7,0	22,0
Kutin/Sporopollenin	–	25–75	72,0	10,5	17,5
Andere Fette und Wachse	0,2– 4,0	10–40	82,0	14,2	3,8
Harze	0,5–15	–	80,0	10,0	10,0

Manchmal ist schwer zu entscheiden, ob ein früher Fund zu den Algen oder zu den Landpflanzen gehört. Das ist besonders der Fall, wenn die anatomischen Strukturen nicht deutlich genug erhalten sind. Zuweilen liegt das Problem aber in der Natur der Sache selbst. Offenbar hat es in der Frühzeit eine Vielfalt von amphibischen Formen gegeben, die ein Leben im Übergangsbereich zwischen Wasser und Land geführt haben. Bei deren Identifizierung hat die chemische Analyse verschiedentlich weitergeholfen. Besonders drei Stoffgruppen sind hier von diagnostischem Wert:
(1) Der Nachweis phenolischer Gruppen läßt auf Lignin schließen, dem typischen Baumaterial der Landpflanzen.
(2) Auch bestimmte alipathische Hydroxy-„Säuren" weisen in diese Richtung, da sie sich ehestens von Pflanzenwachsen, möglicherweise von Kutin- und Suberin-Komponenten ableiten.
(3) Andererseits weisen Steroid-Bestandteile, die sich als Steran-Abkömmlinge deuten lassen, eher auf Zugehörigkeit zu Algen. Zum Beispiel erzeugen Grünalgen die Sterine Ergosterol und Stigmasterol.
   Zusätzlich zu diesen drei Kriterien gibt es noch eine Reihe weiterer aber weniger aussagekräftiger chemischer Indizien [130, 131]. Der aus den

einschlägigen Analysen resultierende Befund zeigt einige Merkwürdigkeiten. Die für Algen typischen chemischen Merkmale finden sich zum Beispiel bei der devonischen *Prototaxites, einem riesigen baumförmigen Gewächs,* das Stammdicken bis zu 90 cm Durchmesser entwickelt (Abb. 37). Aus dem anatomischen Befund geht hervor, daß den Stämmen ein Holzkörper fehlt. Es handelt sich nach allem nicht um eine Landpflanze, sondern um eine den Braunalgen nahestehende Wasserpflanze, die vermutlich in den Gezeitenzonen der Meeresküste beheimatet war.

Chemische Merkmale der Landpflanzen finden sich dagegen bei *Eohostimella,* einem unscheinbaren, einfach gebauten Gewächs des Untersilurs mit eher algen-ähnlichen Zügen (Abb. 34a). Aber im Fossilkörper hat man u.a. lignin-ähnliche Verbindungen nachweisen können. Die äußere Oberfläche der Pflanze war offenbar kutinisiert und die Sporen, d.h. die Vermehrungskörper hatten wachsartige Schutzschichten.

Am interessantesten sind Vertreter, in denen sich die chemischen Merkmale von Algen und Landpflanzen mischen [128, 129]. Ein Beispiel ist *Protosalvinia* (Abb. 38). Dieser fehlt ein durchgehender innerer Holzkörper mit Gefäßen der Wasserleitung. Aber ein kutinisiertes Hautgewebe war offenbar stellenweise vorhanden. Von äußeren Partien des Körpers hat man langkettige Kohlenwasserstoffe und lignin-artige Komponenten isoliert. Auch andere Anzeichen deuten darauf hin, daß zumindest die Sproßspitzen einen wachsartigen Überzug trugen. *Protosalvinia* versteht sich ehestens als *eine amphibische Lebensform,* deren untere Sproßteile im Wasser fluteten und deren Enden als Luftsprosse entwickelt waren. Die botanische Zugehörigkeit der Pflanze ist unklar. Sie ist als Zwischenglied

Abb. 37. Prototaxites eine baumförmige Alge aus dem Unterdevon. Teilstück der endständigen Verzweigung. Nach Kräusel & Weyland (1930)

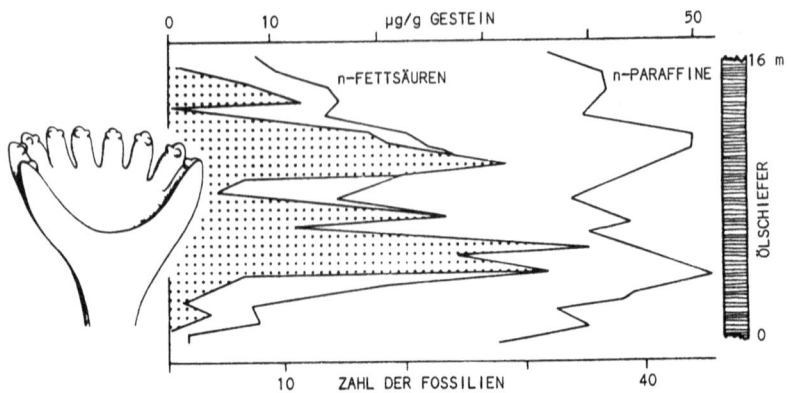

Abb. 38. Pflanzen als Erdölproduzenten. *Links:* Rekonstruktion der algenartigen Wasserpflanze *Protosalvinia. Das punktierte Kurvenfeld* rechts daneben zeigt die Häufigkeit der Fundexemplare in dem *am rechten Rand* dargestellten Ölschieferprofil *(Ordinate)* Maßstab der *unteren Abszisse:* Zahl der Pflanzenfunde. Horizonte mit viel Pflanzenresten haben erhöhte Gehalte an Fettsäuren und Paraffinen *(obere Skala).* Nach Untersuchungen im New Albany Schiefer von W-Virginia nach Niklas (1976b), Rekonstruktion nach Taylor (1982)

von Algen und Moosen gedeutet worden. Dagegen spricht, daß man im Körper Fucosteran gefunden hat, ein für Braunalgen typisches Produkt. Aber Braunalgen kommen als Vorfahren der heutigen Landpflanzen kaum infrage. Unter den heutigen Braunalgen gibt es keine Vertreter mit kutinisiertem Hautgewebe und Luftsprossen. Der fossile Befund könnte also darauf hindeuten, daß seinerzeit amphibische Vertreter unter den Braunalgen existiert haben, die später wieder ausgestorben sind. Demzufolge hat es auch in dieser Gruppe ehemals Versuche gegeben, auf dem Land Fuß zu fassen. Das Unternehmen muß dann anders als bei den Grünalgen fehlgeschlagen sein. Der Grund liegt möglicherweise darin, daß den Braunalgen die Lignin-Synthese nicht oder nur unvollständig gelungen ist. Wenn der Befund so richtig gedeutet ist, dann stehen wir vor einem eigenartigen Phänomen. Danach scheinen im frühen Erd-Altertum Groß-Algen verschiedener systematischer Zugehörigkeit mehr oder weniger gleichzeitig den Weg zum Land angetreten zu haben. Ein ähnlicher Vorgang ist von dieser Gruppe weder aus der Zeit davor noch danach überliefert.

Warum sind die Wasserpflanzen überhaupt zum Landleben übergegangen, d.h. zu einem Dasein, das für einen Wasserbewohner viele Beschwernisse mit sich bringt und diesen zu neuen komplizierten Stoffwechseltechniken zwingt? Ein Vorteil für die Photosynthese auf dem Lande ist das höhere Angebot an Lichtenergie. Dadurch läßt sich die Produktionsleistung an Biomasse beträchtlich steigern, was sicherlich Vorteile bietet. Aber warum ist es den Pflanzen erst im Silur/Devon, d. h. in einem relativ späten Zeitabschnitt der Erdgeschichte gelungen, das Land für sich zu gewinnen und nicht bereits früher? Vielzellige Algen hat es doch schon vor über eine Milliarde Jahre gegeben.

Vielleicht, so besagt eine Theorie, hat es längere Zeit gedauert, bis alle biochemischen Synthese-Techniken entwickelt waren, die zur Anpassung an die schwierigen Bedingungen des Landlebens mit seinen Strahlungs- und Austrocknungsgefahren erforderlich sind. Die biochemische Synthese des Lignins war sicher eine der wichtigen Voraussetzungen. Denn aufrechtes Wachstum auf dem Lande setzt ein solides Festigungsgewebe voraus. Wachsartige Körperüberzüge als Verdunstungsbremsen sind offenbar auch von einigen vorzeitlichen Braunalgen entwickelt worden, die in den Gezeitenzonen lebten. Hier war es wohl die Austrocknungsgefahr, die als selektiver Druck auf die biochemische Evolution wirkte. In der Folgezeit mußten weitere Probleme bewältigt werden. Für Landpflanzen sind mikrobische Schädlinge und Pflanzenfresser eine starke Belastung. Es gibt Anzeichen dafür, daß sich bereits die frühesten Landpflanzen gegen Befall durch Pilze und andere Mikroben sowie gegen pflanzenfressende Gliedertiere zu wehren hatten. Das hat sie zur Produktion von Abwehrstoffen wie Flavonoide, Alkaloide und Terpenoide gezwungen.

Als selektive Einflüsse von besonderer Bedeutung waren auch der Zustand der Atmosphäre und das Lichtklima wirksam. Einer viel diskutierten Theorie zufolge soll sich der atmosphärische Sauerstoff erst im Devon so stark angereichert haben, daß ein Ozon-Schirm in der höheren Atmosphäre entwickelt wurde, wie er die gefährliche UV-Strahlung der Sonne abfiltert.

Eine Alge ist auch ohne Ozon-Schirm ausreichend geschützt, da Wasser die kurzwelligen Strahlen wirksam absorbiert. Mit dieser Überlegung wäre der Wechsel von Wasser- zum Landleben erst möglich gewesen, nachdem die UV-Strahlung auf dem Land schwächer geworden war. Zusätzlich könnten die Pflanzen vor Verlassen des Wassers besondere Einrichtungen zur UV-Abschirmung entwickelt haben. Möglicherweise haben frühe Bewohner der Gezeitenzone, also die Vorläufer der ersten Landpflanzen dafür Phenole in ihrem Körper angehäuft. Weitere Selektion könnte zu einer Vielfalt von Phenylpropanoid-Verbindungen einschließlich der Cyanamyl-Alkohole und ihrer Glykoside geführt haben, die wie das Coniferin heute als direkte Vorläufer des Lignins gelten. Die Polymerisation des Lignins erfordert eine Sauerstoff-Atmosphäre. Es ist deshalb glaubhaft anzunehmen, daß die biochemische Evolution des Lignins von den Partialdrucken des atmosphärischen Sauerstoffs abhängig war [110]. Aber die näheren Umstände sind bis heute noch unklar. So weiß man nicht genau, wie der Zustand der paläozoischen Atmosphäre wirklich gewesen ist. Die einschlägigen Indizien sind vage, zum Teil auch widersprüchlich.

Den geologischen Hinweisen zufolge waren die Festlandsgebiete zur Devonzeit in eher lebensfeindlichem Zustand mit viel Wüstengebieten und Salzsümpfen. Diese lagen unter einem belastenden Klima mit starker Sonneneinstrahlung, episodisch heftigen Regenfällen und heftigen Schwankungen der Temperatur. Von diesen Verhältnissen her gesehen war der Zeitpunkt der Landbesiedlung für Wasserorganismen schlecht gewählt. Aber allem Anschein nach gab es damals neben Wüsten und vegetationslosem Ödland auch lebensfreundlichere Territorien, die bereits von Bakterien, Pilzen, Algen und Flechten weitreichend und tiefgründig erschlossen waren. Die Landbesiedlung der höheren Pflanzen wäre kaum gelungen, wenn diese nicht bereits ein entwickeltes Ökosystem vorgefunden hätten, wie es auch heute noch für die Vegetation der Kontinente lebensnotwendig ist. Landpflanzen müssen ihren Bedarf an Nährstoffen aus dem standörtlichen Angebot des Untergrundes decken, das ist gegenüber dem Leben in Wasser, in dem die Pflanze allseitig von Nährlösung umspült ist, eine bedeutende Erschwernis. Die Versorgung ist generell nur möglich, wenn das Gestein in einer Bodenzone hinreichend aufgeschlossen ist. Böden sind das Produkt mikrobieller Tätigkeit, solcher von Bodenbakterien, Pilzen und Kleinalgen. Auch heutige Landpflanzen sind durchweg von Mikroorganismen abhängig, die ihnen lebenswichtige Elemente wie Stickstoff, Phosphor und Kalium in auswertbarer Form zuliefern. Interessant ist in diesem Zusammenhang eine Erscheinung, die man an den frühen Landpflanzen verbreitet beobachtet. Ihre Erdsprosse, Zellen und Gewebe sind vielfach mit einer Fülle von Pilzfäden durchsetzt. Teils dürfte es sich dabei um Parasiten handeln, andere mögen die Pflanzenreste erst nach dem Absterben befallen haben. Es liegt aber die Vermutung nahe, daß einige als Nährstoffversorger der Pflanze Bedeutung hatten. Sicherlich waren die frühen Landpflanzen mit ihren noch leistungsschwachen Wurzelorganen auf solche Nährstoffzulieferung durch Mikroben besonders angewiesen, mehr noch als die Vertreter der heutigen Zeit.

Es gibt Indizien dafür, daß das Festland lange vor der Landpflanzenzeit von *Kleinorganismen* wie Bakterien, Pilzen und Flechten besiedelt war [26]. So hat man in Sedimenten des späten Präkambriums eine charakteristische Gruppe von Cyanobakterien (Blaubakterien) entdeckt, wie sie auch heute noch in Wüstengebieten des Festlandes beheimatet ist. Solche Cyanobakterien-Gemeinschaften überziehen bereichsweise die Wüstenböden in Matten und Krusten. In Trockenperioden bauen die Zellfäden Kalk in ihre Schleimscheide ein und können in dieser Mineralkapsel dann

Trockenperioden überdauern. Die Kapsel bildet auch einen wirksamen Strahlungsschutz. Bei Regen quellen die Scheiden auf und die Zellfäden werden mechanisch ausgeworfen. Sie kriechen dann mit schlängelnden Bewegungen in neue Feuchtbiotope. Präkambrische Böden mögen sich so gebildet und ausgebreitet haben [61].

In den 2600 Millionen Jahre alten Witwatersrand-Sedimenten von Südafrika sind *flechtenartige Mikroorganismen* gefunden worden, die offenbar zum festländischen Milieu gehören (Abb. 68, S. 119). Aus der gleichen Zeit sind verschiedentlich fossile Bodenhorizonte überliefert. Aber schon viel früher, vor mehr als 3,1 Milliarden Jahren scheint es Bodenbildungen gegeben zu haben, wie sie von denen späterer Zeit grundsätzlich nicht verschieden sind.

Lange vor den Sproßpflanzen haben also offenbar Mikroben das Festland besiedelt und den Nachfolgegesellschaften ein zuträgliches Milieu vorbereitet. Vielleicht reichen auch erste Versuche der vielzelligen Algen auf dem Land Fuß zu fassen, bis ins Präkambrium zurück. So findet man in der vendischen Formation, d.h. im Zeitabschnitt zwischen 700 und 520 Millionen Jahren gelegentlich Sporen, die in ihrer Morphologie und

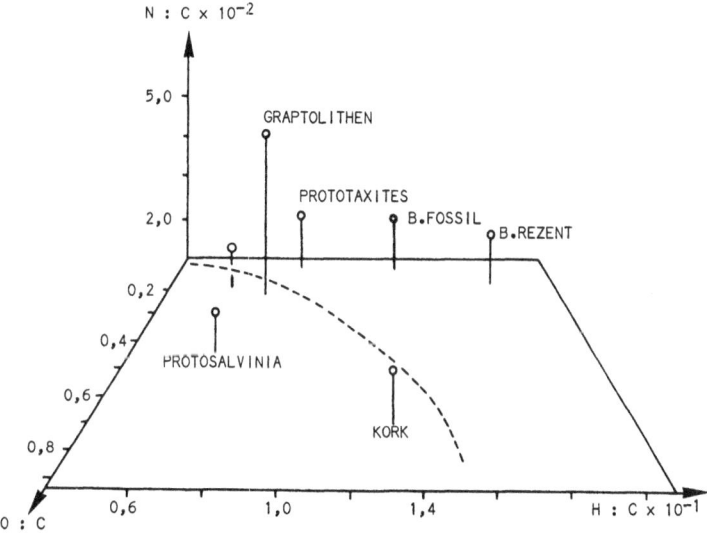

Abb. 39. Fossile Pflanzen und Tiergruppen lassen sich nach ihrem Gehalt an Kohlenstoff, Wasserstoff, Sauerstoff, Stickstoff in ein Raumdiagramm einordnen. *Die gestrichelte Linie* auf der Bodenfläche trennt die Landpflanzen *(links)* von den Algen *(rechts)*. Mit stärkerer Fossilisierung und Inkohlung rücken die Punkte jeweils weiter nach links und zwar auf einer Spur parallel der gestrichelten Linie. Ein Beispiel dafür ist die Grünalge *Botryococcus* („B. rezent", „B fossil"). Vereinfacht nach Niklas (1976b)

Chemie denjenigen der Landpflanzen entsprechen. Die Wände dieser Vermehrungskörper sind anscheinend mit Sporopolleninen imprägniert, (Abb. 48, S. 85). Deren wachsartigen Eigenschaften schützen die Zelle vor Austrocknung. Aber auch in Zellwänden aquatischer Algen findet sich Sporopollenin, die Stoffgruppe ist also nicht spezifisch für Landpflanzen.

Einige der vendischen und kambrischen Funde haben auch sonst viel Ähnlichkeit mit Luftsporen, wie sie über trockenem Grund ausgestreut werden können. Sie könnten von amphibischen Pflanzen stammen, die in feuchten Strand- oder Uferbereichen ansässig waren. Zentimeter-große, *blattförmige Reste*, die mindestens teilweise zu vielzelligen Algen gehören dürften, finden sich verbreitet in jungpräkambrischen Schichten. Die frühesten bisher bekannten Gebilde dieser Art kommen in den ca. 1300 Millionen Jahre alten Belt-Sedimenten von Nordamerika vor. Etwas später erscheinen die Vendotaeniden, eine Fossilgruppe, die tangförmigen Braunalgen sehr ähnlich ist [162]. Vergleichbare Vertreter heutiger Zeit besiedeln Flachwasser und Gezeitenzonen. Es sind dies relativ hochdifferenzierte Algen, die verschiedene Sorten von Gewebe ausbilden, zum Beispiel solche, die auf Stofftransport, Stoff- und Wasserspeicherung spezialisiert sind. Bis zur Hälfte ihres Trockengewichtes bauen sie aus Reservestoffen und Substanzen auf, die Wasser gut festhalten können. Dazu zählen verschiedene Polysaccharide, wie das gel-artige Algin, ein Calciumsalz der Alginsäure (Abb. 6, S. 13).

Von den oben genannten fossilen Vorläufern, den Vendotaeniden, gibt es noch keine chemischen Analysen, aber die morphologische Ähnlichkeit mit den heutigen Braunalgen läßt vermuten, daß sie in ihrer Biochemie und Lebensweise heutigen Formen ähnlich waren. Bezeichnenderweise fanden sich bei einigen Vendotaeniden Sporenbehälter mit derben Wänden, die den Inhalt offenbar gegen Austrocknung schützen sollten. Also konnten diese offenbar Trockenperioden überdauern.

Die blattförmigen Körper der Vendotaeniden sind häufig mit einer Unzahl von Pilzfäden bedeckt. Diese hatten vielleicht als Symbionten Anteil an der Nährstoffversorgung der Pflanze. Aber insgesamt waren die Vendotaeniden sicher noch ans feuchte Element gebunden, die völlige Anpassung ans Landleben ist ihnen offenbar nicht gelungen. Neben den Braunalgen sind auch *großwüchsige Grünalgen* aus einer Zeit von mehr als 700 Millionen Jahren bekannt. Es handelt sich um sogenannte Schlauchalgen, die ein äußeres Kalkskelett absondern [162].

Der Befund deutet insgesamt darauf hin, daß der Landnahme durch Sproßpflanzen im Silur/Devon eine Pionierbesiedlung im Präkambrium vorausgegangen ist. Bakterien und Pilze hatten bei dem Unternehmen offenbar eine Vorreiter-Rolle, Algen und Tiere bildeten die sehr späten Nachfolgeschaften.

Eine Lagerstätte wird geboren

Von der Devon-Formation ab nehmen die Landpflanzen neben dem Phytoplankton einen ständig wachsenden Anteil an der Biomasse-Produktion ein. Heute erzeugen Phytoplankton und Landpflanzen etwa gleichgroße Mengen. Daneben liefern Bakterien nur kleinere Anteile.

Fossil erhalten ist die Biomasse der Landpflanzen in einem charakteristischen Sediment: *dem Kohlenlager.* Kohlengesteine bilden sich vorwiegend aus den abgelagerten Resten von Landpflanzen, wie Wurzeln, Hölzern, Blättern und anderen Sproßteilen, die sich in Sümpfen und Mooren in großen Mengen sammeln können (Tabelle 6). Das hochstehende Grundwasser schützt sie hier vor oxidativer Zersetzung. Echte Kohlenlager erscheinen erst von der Devonzeit an, zunächst noch selten, dann vermehrt und in wachsender Mächtigkeit und Verbreitung. Vereinzelt finden sich kohleähnliche Ablagerungen auch in älteren Formationen bis tief ins Präkambrium hinunter. Dies sind aber keine echten Kohlen, sondern *Faulschlammgesteine* (Sapropelite), wie sie sich aus organischen Resten von Bakterien und Algen aufbauen. Ihr Bildungsbereich ist nicht das Moor, sondern ein Meeresbecken oder ein Binnensee mit ausgeprägten Stillwasserverhältnissen (Abb. 40). Hier ist das Bodenmilieu schlecht durchlüftet und dementsprechend arm an Sauerstoff. Unter diesen Bedingungen kann bis etwa 4% der im Lebensraum erzeugten Biomasse als Bodensatz erhalten bleiben. Das sind im Effekt oft gewaltige Mengen. Viel

Abb. 40. Bildungsbereich von Kohle und Erdöl. Zusammengestellt nach Vorlagen von M. Teichmüller und anderen Autoren

Biomasse wird in Stillwässern der küstennahen Schelfbereiche abgelagert, wo sich ein reiches Planktonleben in der oberen, lichtdurchfluteten Wasserschicht, d.h. bis in etwa 70 m Tiefe entfaltet. Im offenen Meer ist die Planktondichte etwa nur halb so stark wie im Schelf.

Tabelle 6. Typische Zusammensetzung von Biomasse (rezent und fossil; Trockengew.%). (Nach Bowen, 1966; Levorsen, 1967 und anderen Quellen)

Element	Landpflanzen	Flammkohle	Erdöl
Kohlenstoff	45,0	80,0	82,2–87,1
Sauerstoff	43,0	5,0	0,1– 4,5
Wasserstoff	5,5	5,0	11,7–14,7
Stickstoff	3,1	1,5	0,1– 1,5
Schwefel	0,1–0,3	1,0	0,1– 5,5
Phosphor	0,2–0,3	Spuren	Spuren

Faulschlammgesteine enthalten meist mehr mineralische Verunreinigungen als Kohlen, z. B. Ton, Sand und anderes. Reine Kohlen haben nur wenige Prozent Mineralanteil, unreine Faulschlämme können bis über 99% davon enthalten. Aber selbst wenn die Gehalte an Organischem im Gestein nur bei einem halben Prozent liegen, addieren sich die absoluten Beträge auf große Mengen, wenn die Ablagerung nur einigermaßen mächtig und ausgedehnt ist.

Ein Hauptunterschied zwischen Kohle und Faulschlammgestein wird bei der Inkohlung, d.h. der nachfolgenden Umwandlung unter Gebirgswärme deutlich. Kohlen behalten dabei im wesentlichen ihre feste Konsistenz, Faulschlammgesteine spalten oft einen flüssigen Anteil ab, das Erdöl. Für beide Bildungen gleicherweise gilt, daß auch viel Gas entweicht, vor allem Methan (CH_4).

Das unterschiedliche *Inkohlungsverhalten* ist in der stofflichen Zusammensetzung der Biomasse begründet. Es gibt hier bedeutende Unterschiede zwischen Algen und Landpflanzen. So enthalten marine Planktonten viel Proteine (bis 50% in der Trockenmasse) und viel Lipide (ca. 5–25% im Mittel), aber wenig Kohlenhydrate (meist weniger als 40%). Landpflanzen enthalten dagegen im Durchschnitt 30–50% Cellulose und ca. 15–25% Lignin, aber nur 3%, maximal 10% Proteine. Bakterien sind sehr variabel in ihrer Zusammensetzung, ähneln aber im großen und ganzen mehr den Algen: ca. 50% Proteine, 10% Lipide, 20% verschiedene Zellwandmaterialien. Die vorherrschenden Fettsäuren in Algen sind gesättigte oder ungesättigte Monocarbonsäuren mit unverzweigten, geradzahligen Kohlenstoffketten im C_{12} bis C_{20}-Bereich. Die langkettigen Fettsäuren sind wichtige Komponenten der Speicherfette, aber auch der Phospholipide in den Membranen. Verzweigte Fettsäuren kommen nur als Nebenbestandteile bei Algen, aber als Hauptbestandteile bei Bakterien vor. Ungesättigte Fettsäuren mit mehreren Doppelbindungen sind bei Algen stärker verbreitet als bei höheren Pflanzen. Die Konzentration der gesättigten Kohlenwasserstoffe in der Lipid-Fraktion der Algen liegt generell bei 3–5% (Abb. 10, S. 18, Abb. 19, 20, S. 25, 26).

Die Lipide der höheren Pflanzen zeigen dagegen andere Merkmale. Ihre n-Alkane streuen im Bereich von C_{10} bis C_{40}, bei deutlicher (etwa zehnfacher) Vorherrschaft der ungeradzahligen über die geradzahligen Ketten. In Wachsen sind geradzahlige aliphatische Alkohole mit 24 bis 36 Kohlenstoffatomen relativ häufig. Andere typische Komponenten höherer Pflanzen sind phenolische Verbindungen wie z. B. Coniferyl-Alkohol. Auch gesättigte Fettsäuren mit gerader Zahl an Kohlenstoffatomen im Bereich C_8 bis C_{26} sind verbreitet.

Die meistverbreiteten gesättigten Fettsäuren sind Palmitinsäure (C_{16}) und Stearinsäure (C_{18}). Unter den unverzweigten ungesättigten Fettsäuren sind solche mit 14, 16, 18 und 20 Kohlenstoffatomen häufig. Die hauptsächlichen Sterole in höheren Pflanzen sind Sitosterol und Stigmasterol, beides Verbindungen mit 29 C-Atomen (Abb. 11, S. 19).

Vor dem Devon ist die Biomasse durchweg von Bakterien und höheren Algen produziert worden. Folglich müssen hier die chemischen Eigentümlichkeiten der höheren Pflanzen noch fehlen (Tabelle 6, 7). Unter den höheren Fettsäuren und Alkanen ist die Vorherrschaft der ungeradzahligen C-Ketten noch nicht ausgeprägt. Nur relativ wenig langkettige aliphatische Moleküle, d. h. solche mit mehr als 25 C-Atomen sind vertreten. Zwar kann man eine Vielfalt verschiedener Steroid-Komponenten erwarten, aber nur wenig Triterpenoide.

Mit dem Aufkommen der Landpflanzen ändert sich in der abgelagerten Biomasse auch das H/C-Verhältnis, d. h. das Mengenverhältnis der Ele-

Tabelle 7. Elementaranalyse einiger biologischer Substanzen und Kohlengesteine (Gew.% wasser- und aschefrei). (Angaben nach Wedepohl (1971)

Substanz	Kohlenstoff	Sauerstoff	Wasserstoff
Lipide	51	22	7
Kohlehydrate	69	18	10
Lignin	44	49	6
Torf	50–65	28–45	6–7
Braunkohle	65–78	16–28	5–6
Steinkohle	78–87	5–16	5–6
Anthrazit	87–91	2–5	4–5

mente Wasserstoff und Kohlenstoff. Denn die Landpflanzen enthalten viel Lignin und Cellulose. Für die Biomasse bedeutet das ein niedrigeres H/C-Verhältnis: ca. 1,3–1,5 gegenüber dem von 1,7–1,9 der Algen mit ihren höheren Protein- und Fettgehalten. Der Grund für den Unterschied liegt vor allem im hohen Aromaten-Gehalt der Lignine und im höheren Sauerstoffgehalt der Cellulose (Abb. 42). In marinen Sedimenten kann man so aus dem H/C-Verhältnis den Einfluß der Küstenvegetation mit seiner Zufuhr an Treibhölzern und ähnlichem abschätzen. Mit wachsender Zulieferung an Holz und Humus wird das H/C-Verhältnis im Sediment erniedrigt. Ein anderes einschlägiges Indiz folgt aus dem Verhältnis der Kohlenstoff-Isotope $^{13}C/^{12}C$. Der in der Biomasse der Meeresorganismen gespeicherte Kohlenstoff ist im durchschnittlichen Mischungsverhältnis seiner Isotope um eine Spur schwerer (um ca. 0,5%) als der von Landpflanzen. Das liegt darin begründet, daß die Landpflanzen ihr CO_2 aus der Atmosphäre beziehen, die etwas ärmer ist an ^{13}C verglichen mit dem im HCO_3^- des Ozeanwassers, wie es von den Algen verwertet wird [15] (Abb. 41). Das Erdöl bildet sich vor allem aus der Lipidfraktion der

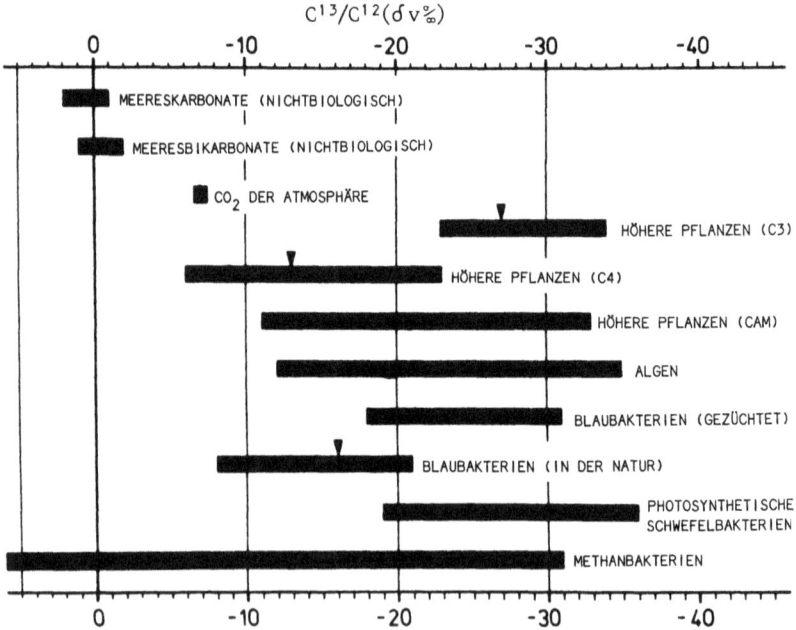

Abb. 41. Verhältnis der Kohlenstoffisotope $^{12}C/^{13}C$ in nichtbiologischen Systemen und in den Körpersubstanzen der Lebewesen. Die Typen C 4 und CAM kommen bei bedecktsamigen Blütenpflanzen vor. Nach Schidlowski in Schidlowski & Holland (1982)

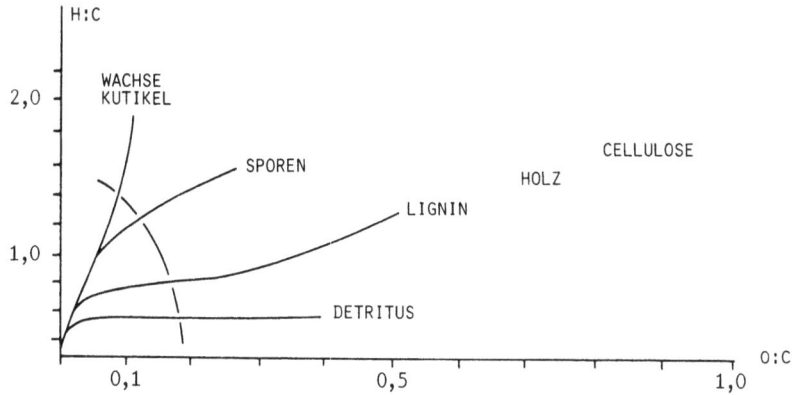

Abb. 42. Veränderung der Elementarzusammensetzung durch Inkohlung. *Links der unterbrochenen Kurve* ist der Steinkohlenzustand erreicht. „Van Krevelen Diagramm" nach Tissot & Welte (1978) in vereinfachter Darstellung

Algen, aus den fettlöslichen Pigmenten, den Terpenoiden, Steroiden und Wachsen. Das sind vielfach Stoffe, die unter bakterieller Zersetzung Last und Erwärmung einen flüssigen Anteil abspalten. Unter Gebirgsdruck wird das Erdöl aus dem Kerogen und Bitumen des Faulschlammgesteins ausgepreßt und wandert ab. Als Kerogen bezeichnet man die unlösliche und als Bitumen die lösliche Fraktion des organischen Gesteinsinhaltes. *Das Kerogen* setzt sich aus verschiedenartigen Großmolekülen zusammen, die größtenteils aus cyclisch gegliederten Kernen aufgebaut sind und untereinander mit aliphatischen Kohlenwasserstoffen oder anderen Ketten vernetzt sind (Abb. 43). Aus Schwelprodukten des Kerogen lassen sich manchmal noch einige Informationen zum biologischen Ursprung gewinnen. Wenn die Substanz aus der Produktion von Algen stammt, hat sie häufig noch ein besonders hohes H/C-Verhältnis behalten. Schwefelreiche Kerogene mit viel z. T. höher kondensierten aromatischen Ringen und entsprechend niedrigerem H/C-Verhältnis leiten sich meist von bakterienreichem Faulschlamm ab. Ist der Anteil an Landpflanzen-Biomasse hoch, dann enthält das Kerogen mehr vielwabige kondensierte Aromaten und sauerstoff-reiche funktionelle Gruppen [179].

Im geologischen Durchschnitt bleibt nur etwa 0–2% der Biomasse im Sediment erhalten (Tabelle 8). Cellulose und Proteine zersetzen sich nach der Ablagerung meist vollständig. Cellulose wird entweder von Mineralsäuren hydrolysiert oder von Mikroben zersetzt. Lignin ist aromatischer Natur und verhält sich dadurch etwas resistenter. Fette zerfallen in Glycerin und höhere Fettsäuren. Letztere werden durch mikrobielle Tätigkeit zu niede-

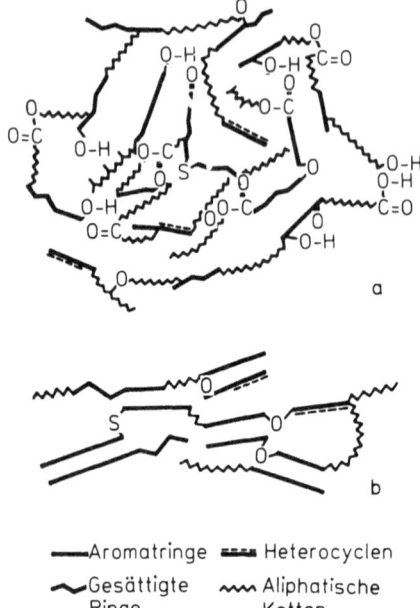

—— Aromatringe ≈≈≈ Heterocyclen
～ Gesättigte ∿∿ Aliphatische
　Ringe　　　Ketten

Abb. 43. Strukturmodell des Kerogen im schwach metamorphen *(oben)* und hochmetamorphen Stadium *(unten).* Ringverbindungen sind in Seitenansicht gezeichnet. Nach Tissot & Espitalie (1975) aus Tissot & Welte (1978)

Tabelle 8. Durchschnittsgehalte von organischer Substanz in Sedimentgesteinen. (Angaben nach Gehmann (1962))

Gesamtmenge	0– 2 Gew.%
Kerogen	0– 2 Gew.%
Kohlenwasserstoffe	0–4000 ppm
Kohlehydrate	0– 700 ppm
Aminosäuren	0– 100 ppm
Pigmente	0– 5 ppm

Tabelle 9. Umwandlung der in Fossilien enthaltenen organischen Substanzen (nach Hoering)

Lipide $\xrightarrow{I}$ Fettsäuren $\longrightarrow$ Geolipide

Proteine $\xrightarrow{I}$ Peptide $\xrightarrow{I}$ freie Aminosäuren $\xrightarrow{II}$ aliphatische Säuren $\xrightarrow{III}$ Kohlenwasserstoffe

$\downarrow IV$

Kohlehydrate $\xrightarrow{I}$ lösl. Zucker $\xrightarrow{IV}$ Huminsäuren $\xrightarrow{V}$ gebundene Aminosäuren (?)

I, Hydrolyse; *II*, Spaltung der Aminosäuren; *III*, Carboxylierung; *IV*, Huminreaktion; *V*, Sekundärbildung von Aminosäuren

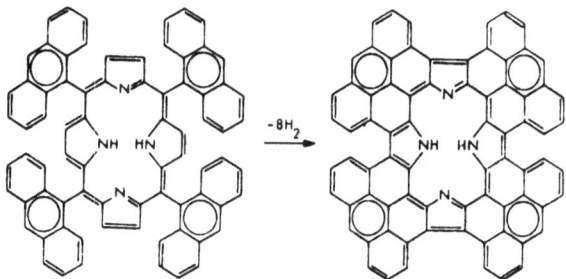

Abb. 44. Bildung von hochkondensiertem „Aromat-Porphyrin" unter hoher Temperatur. Nach Yen (1975)

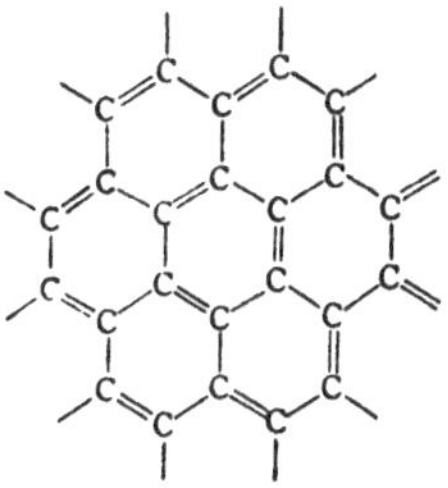

Abb. 45. Graphit-Struktur

ren Fettsäuren abgebaut (Abb. 7). Mikroben zerstören auch die stickstoffhaltigen Verbindungen wie Proteine, Aminosäuren und Chitin (19).

Unter anaeroben Verhältnissen bleibt die Zersetzung unvollständig. Es werden zunächst die funktionellen Gruppen und solche mit Heteroatomen abgespalten. Wasserdampf, Kohlendioxyd und Kohlenmonoxyd entweichen, später auch Kohlenwasserstoffe, vor allem Methan. Als Chemofossilien können Alkane, Fettsäuren, Terpene, Steroide und Porphyrine erhalten bleiben (Tabelle 9). Bei der folgenden Inkohlung formt sich die Hauptmasse um. Unter Abgabe von Methan bilden sich zunächst viele kleine Aromaten-Moleküle. Diese schließen sich nach und nach zu gröberen Wabenkomplexen zusammen. Während der Inkohlung nimmt damit ständig der %-Gehalt an Kohlenstoff zu (Abb. 42). Das Endprodukt ist Graphit (Abb. 45). Einige Chemofossilien können in Graphitgitter eingebaut, alle diese Prozesse überdauern (Abb. 44).

Die erfolgreichen Chitin-Tiere

Gliederfüßler (Arthropoden) sind mit ihren 700000 bekannten Arten der mächtigste Stamm der Tierwelt. Sie machen damit mehr als dreiviertel aller registrierten Tierarten aus. Gliederfüßler haben alle Sphären der Erdoberfläche: Wasser, Land und Luft erobert und sich über alle bewohnbaren Räume von der Arktis bis in die Tropen ausgebreitet. So gesehen, müssen sie als „erfolgreichster" Tierstamm gelten. Nicht zuletzt verdanken diese Lebewesen den Besiedelungserfolg ihrem besonderen, nach Konstruktion und Materialauswahl fast einzigartigen Skelett, das wie ein Panzer die Körperoberfläche umhüllt. Es wird aus Stoffausscheidungen des Hautgewebes gebildet und baut sich aus geschichteten Lagen auf, die stets

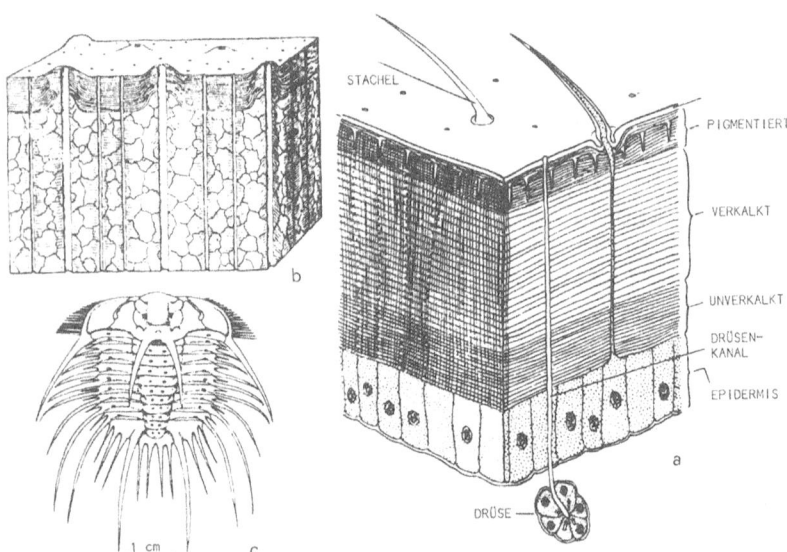

Abb. 46. (a) Schematischer Schnitt durch die Kutikula eines zehnfüßigen Krebses. (b) Außenskelett des Trilobits *Flexicalymene* aus dem Ordovizium. Die tiefere Partie ist stark verkalkt (c) *Odontopleura*, ein Trilobit aus dem unteren Silur der CSSR (Größe ca. 4 cm). (a) Nach Waterman aus Barrington (1969), (b) nach Mutvei (1981), (c) nach Wittington aus Fairbridge et al. (1979)

einen Protein-Chitin-Komplex enthalten (Abb. 46a). Ganz außen findet sich noch ein Überzug aus spezifisch wasserabweisenden Stoffen, vor allem Lipoproteinen und Wachsen. Imprägnation mit Chinonen härtet die Kutikula und macht sie chemisch resistent. Bezeichnend für die Feinstruktur der inneren Lagen ist ein Gerüst aus Chitinfasern, das nach bestimmtem System zusammengebaut wird: Die Fasern jeder einzelnen Schicht werden parallel ausgerichtet, aber diejenigen der höheren Schicht verlaufen winkelig zu denen in der tieferen, die Faserrichtungen wechseln also von Lage zu Lage. So bildet das ganze eine Art „Sperrholz-Struktur" das sehr vorteilhafte mechanische Eigenschaften hat. Kommt es zum Beispiel an der Oberfläche zu Einrissen, so können diese sich nicht direkt in die Tiefe fortpflanzen.

Die Chitinfasern sind in einer Bindemasse aus Proteinen eingebettet, welche die Fasern fixiert und untereinander verklebt. Im Prinzip entspricht ein solcher Verband dem einer Fiberglasplatte und hat eine dementsprechend hohe Elastizität. Das Mischungsverhältnis von Chitin und Protein kann von Tiergruppe zu Tiergruppe variieren. Bei Spinnen zum Beispiel ist das Verhältnis oft halb und halb. Bei Krebsen überwiegt gewöhnlich Chitin, bei Insekten ist es meist umgekehrt. Die jeweiligen Mengenanteile sind nicht zuletzt eine Versorgungsfrage, denn die Grundstoffe für Proteine, hier vor allem der Stickstoff, sind in den erforderlichen größeren Mengen schwieriger zu beschaffen als es für Chitin notwendig ist [23].

Bei Krebsen und einigen Tausendfüßlern sind anorganische Salze, vorwiegend Calciumcarbonat und Calciumphosphat in den Panzer eingebaut. Dieser Umstand begünstigt die Erhaltungsfähigkeit der fossilen Reste erheblich. Das Calciumcarbonat hat vorwiegend die Form von Calcit, das Calciumphosphat liegt als Apatit vor. Der Phosphatgehalt der Schalen kann sehr unterschiedlich sein, bei einigen planktonischen Krebsen ist er hoch (bis 95% der Mineralmasse), andere Krebsschalen, z.B. die der Entenmuscheln, sind rein carbonatisch [136].

Auch das Verhältnis von Mineralanteil zu organischer Matrix in der Schale variiert von Gruppe zu Gruppe. Bei den zehnfüßigen Krebsen (Decapoden) ist der Mineralanteil besonders hoch, bestreitet etwa 60–80% der Schale im Trockenzustand. Diese hohe Mineralisierung hat zwei Vorteile, sie härtet die Schale und schützt so besser gegen Freßfeinde. Sie hilft außerdem Protein beim Bau einzusparen. Aber Mineralisierung macht den Panzer auch schwerer und ungefüger. Aktive Schwimmer unter den Krebsen haben deshalb meist geringer mineralisierte Panzer, als die kriechenden Bodenbewohner. Auf dem Land ist der schwere Kalkpanzer ein noch größeres Hindernis. Aber durch die Entwicklung neuer Härtungstechniken auf der Basis von Chinonen ist es den terrestrischen Vertretern gelungen, auch ohne Mineraleinlagerungen auszukommen. So können einige Insekten mit ihren Mundgliedmaßen Kalk ritzen, obwohl diese nur aus organischen Substanzen bestehen.

Die Arthropoden stellen einen bemerkenswert alten Stamm der Tiere dar. Bereits im Unterkambrium vor etwa 550 Millionen Jahren, sind sie mit mehreren Entwicklungen vertreten. Von diesen sind die *Dreilapper (Trilobiten)* besonders reichhaltig überliefert. Es ist dies eine eigenständige Gruppe von Wassertieren, die im Aussehen den Krebsen ähneln, in manchen morphologischen und anatomischen Merkmalen eher aber den spinnenartigen Gliedertieren näherstehen. Feinbau und Chemie ihrer Kutikula sind aus guten Erhaltungen bekannt. Deren struktureller Aufbau entspricht weitgehend dem des Krebspanzers (Abb. 46 b) [122]. In einigen fossilen Resten hat man Chitin, in anderen Phosphat nachgewiesen [42, 147]. Strittig ist noch, ob die ermittelten Phosphatgehalte zur ursprünglichen Körpersubstanz gehören oder erst bei der Fossilisation von außen hinein gelangt sind.

Die Trilobiten, auch deren älteste Vertreter, sind bereits perfekte Gliederfüßler, müssen also schon eine entsprechend lange Entwicklung hinter sich gehabt haben. Davon ist so gut wie nichts überliefert. Aus dem höheren Vend, d. h. der Zeit vor ca. 600 Millionen Jahren, gibt es einige sehr vage Abdrücke, die man als Reste von Gliedertieren, aber auch anders deuten kann. Im mittleren Vend, also aus noch früherer Zeit, haben sich Schalenreste aus dunkler chitin-artiger Substanz gefunden, die vielleicht von Arthropoden-Panzern stammen könnten [162]. Von ihnen gibt es aber noch keine mikroskopischen und chemischen Analysen.

So ist man, wenn man dem *Ursprung der Arthropoden* nachgehen will, auf indirekte Hinweise, vor allem auf Vergleiche angewiesen. Gewöhnlich gelten die Ringelwürmer (Anneliden) oder deren Vorläufer als Ahnen der Gliederfüßler. Vom paläontologischen Befund her ist nichts dagegen zu sagen, denn Ringelwürmer scheinen schon im jüngeren Präkambrium formenreich vertreten gewesen zu sein. Aber die Gliederfüßler sind von den Anneliden in ihrer Biochemie verschieden. Die Kutikula der Ringelwürmer enthält fast nie Chitin, und wenn solches vorkommt, ist es kein typisches Arthropoden-Chitin. Andererseits spielt Kollagen in der Anneliden-Kutikula eine Hauptrolle, fehlt aber so gut wie ganz bei den Arthropoden. Hier kommen stattdessen andere Proteine vor. Chitin ist eine Ausscheidung äußerer Körpergewebe, Kollagen überwiegend eines der inneren. So schließen sich beide Materialien meist gegenseitig aus, wie viele Beispiele zeigen. Zum Beispiel fehlt Chitin den Stachelhäutern und den meisten Schwämmen, hier ist Kollagen das wichtige organische Strukturmaterial. Andererseits fehlt, wie gesagt, Kollagen fast völlig bei Gliederfüßlern. Diese müßten also, wenn sie sich direkt von Ringelwürmern ableiten, ihre

Biochemie grundlegend umgestellt haben und das in einem frühen Stadium ihrer Evolution [178].

Es ist wohl richtig zu glauben, daß der Chitinpanzer mit seinen vielen vorteilhaften Eigenschaften zum Evolutionserfolg der Gliederfüßler, besonders dem der Insekten beigetragen hat. Bestreitbar ist die verbreitete Meinung, daß der Chitinpanzer nur für kleine Körpergrößen stabil genug sei. Zwar sind die Vertreter der heutigen Insektenwelt durchweg auf Dimensionen von weniger als 5 cm beschränkt, aber in der geologischen Vergangenheit hat es Riesenentwicklungen gegeben. Die Gigantostraken, fossile skorpion-artige Wassertiere haben Körperlängen bis zu 270 cm erreicht. *Arthropleura*, ein früher Tausendfüßler des Festlandes war bis 150–180 cm lang, allerdings auch sehr schlank.

In seinen Festigkeitseigenschaften jedenfalls steht der Chitin-Protein-Panzer dem Kollagen-Phosphat-Skelett der Wirbeltiere in nichts nach. In manchem, zum Beispiel in der Elastizität, ist er ihm sogar überlegen. Auch erscheint die konstruktive Ausbildung als Schale mechanisch vorteilhafter als die Stabform. Wesentlich tragen zu ihrer Stabilität die inneren Verstärkungsleisten bei, die sich aus Einfaltungen der Kutikula entwickeln und Ansatzstellen für die Muskeln bilden [23]. Allerdings behindert der Chitinpanzer das Streckungswachstum und den Stoffaustausch mit der Umgebung.

Mit der fossilen Erhaltungsfähigkeit des Chitinpanzers ist es weniger gut bestellt als mit seinen Festigkeitseigenschaften. Im Meeresschlamm wird er von chitin-spaltenden Mikroorganismen bald zersetzt. So ist das meiste von ihm bereits nach 5000–15000 Jahren verschwunden oder in andere Verbindungen überführt, häufig z. B. in metall-organische Komplexe. Beim Absinken auf den Meeresgrund nehmen die Chitin-Häute gerne Metall-Ionen aus dem Meerwasser auf und bilden mit diesen Chelate. Lokal kann das zu lagerstätten-artigen Metallkonzentraten führen [123]. Unter günstigen Bedingungen kann sich Chitin aber doch über beträchtliche geologische Zeiträume erhalten. Chitin ist im Fossil *Hyolithellus*, einer Wohnröhre aus dem Kambrium indiziert: Hier hat das Material also über eine halbe Milliarde Jahre überdauert [28]. Chitin ist auch in Panzern von Gigantostraken des Ordovizium und Silurs und in Schalen tertiärer Krebse nachgewiesen worden [43]. Auch bei den im Bernstein eingeschlossenen Insekten ist es oft überliefert [187]. Bernstein ist ein besonders wirksames Konservierungsmittel. Reiche Fundstellen von Insekten kommen weiterhin in Verbindung mit Kohlenlagern vor, deren huminsaures und reduzierendes Milieu die Erhaltung begünstigt, während oxidierende und alkalische Bedingungen zersetzend wirken [75].

Das Festland wird kolonisiert

Die Eroberung des Festlandes war allem Anschein nach ein kooperatives Unternehmen der Gefäßpflanzen, Gliederfüßler und Pilze. Die Besiedlung erfolgte nach den Regeln, wie sie von den Wechselbeziehungen dieser drei Partner bestimmt sind. Im Oberkarbon kommt als vierter Akteur die Landschnecke hinzu, ein mächtiger Pflanzenvertilger. Die Wirbeltiere treten erst mit den Reptilien des Perm, also am Ende des Erdaltertums aktiv in die Lebensgemeinschaft ein. Ihre Vorläufer, die Amphibien des Karbons, waren Ufertiere, die vorwiegend von Fleichnahrung und Algen lebten, also auf die Pflanzenwelt des Landes wohl weniger Einfluß hatten.

Was die biochemische Evolution angeht, so fand damals eine Hauptentwicklung bei den Pflanzen statt. Tiere, soweit sie beweglich sind, können Gefahren ausweichen. Pflanzen als ortsfeste Lebewesen müssen sich anders schützen. Sie haben auch kein Immunsystem und müssen stattdessen spezifische Wirkstoffe in der chemischen Auseinandersetzung mit ihrer Umgebung einsetzen. Solche Wehrstoffe der Pflanzen stammen aus ihrer sekundären biochemischen Produktion, die für den Energiestoffwechsel keine unmittelbare Bedeutung hat. Ein Beispiel sind die als Alkaloide bekannten N-Heterocyclen. Viele davon werden von Pflanzen als Waffen in der chemischen Kriegsführung gegen Schädlinge angewandt, andere dienen als Lockstoffe. Ein wirksames Mittel gegen Schädlinge und Pflanzenfresser ist die Produktion von Giften. Aber früher oder später haben Pilze und Insekten Gegenwaffen entwickelt, z.B. Immunmechanismen oder andere Maßnahmen. Diese zwingen die Pflanze zur Synthese neuer wirksamer Produkte. So pendelt sich zwischen den Beteiligten ein dynamisches Gleichgewicht ein, das die Evolution ständig vorwärtstreibt (Abb. 50) [71, 167].

Zu den Pionieren, die als erste tierische Lebewesen auf dem Land Fuß gefaßt haben, möglicherweise schon vor den Gefäßpflanzen, gehörten *Tausendfüßler* oder deren Vorfahren (Abb. 47). Sie bildeten offenbar die erste Invasionswelle. Der Übergang zum Land war für sie nicht besonders schwierig: vom Gewässerschlamm, zum Uferschlamm, von dort ins feuchte Erdreich. Auch heute noch sind die Tausendfüßler auf feuchte Standorte im Waldgrund und Feuchtboden spezialisiert. Im Gegensatz zu den Insekten ist der äußere Wachsüberzug ihres Körpers unvollständig, mehr

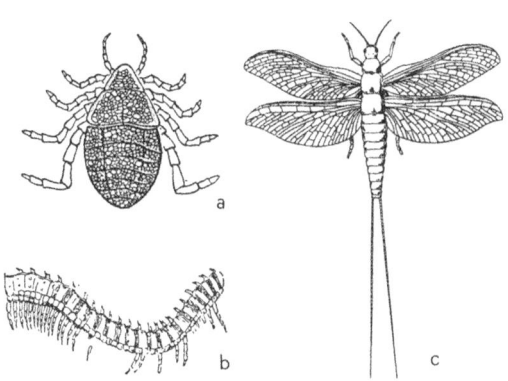

Abb. 47a–c. Gliederfüßler der Steinkohlenzeit. *(a)* Steinkohlenspinne (Anthracomarti), *(b)* Tausendfüßler *Euphoberia*, *(c)* Urflügler *Homaloneura*. *(a)* Nach Beringer, *(b)* nach Kukuk beide aus Kuhn (1956), *(c)* nach Handlirsch aus A. H. Müller (1963)

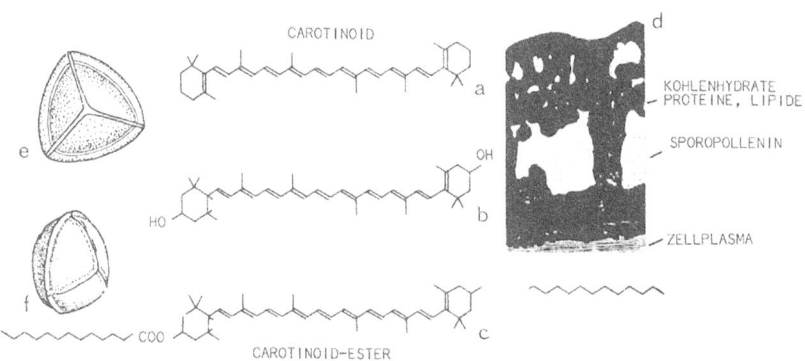

Abb. 48a–f. Bildung des Sporopollenins aus der Veresterung von Carotinoiden entsprechend der Deutung von Brooks. *(a)* β-Carotin, *(b)* Antheraxanthin, *(c)* Antheraxanthin-Dipalmitat, *(d)* schematischer Schnitt durch eine Sporenwand, *(e, f)* Farnsporen im Mikroskop (Größe ca. 60 µm). *(a–c)* Nach Brooks & Shaw (1973), *(d)* nach Rowley et al. (1980), *(e, f)* nach Brasier (1980)

oder weniger wasserdurchlässig geblieben und schützt daher nicht sicher gegen Austrocknung.

Viele der frühesten *Insekten und manche Spinnen* der Devonzeit lebten wohl als Schädlinge an den Pflanzen. Man hat in entleerten Sporenkapseln der Ur-Landpflanzen Hautreste von milben-artigen Gliederfüßlern gefunden. Möglicherweise haben diese den Inhalt der Kapseln vertilgt. Bezeichnenderweise vollzieht sich zu dieser Zeit an den Sporen der Landpflanzen eine Umgestaltung, in deren Verlauf die Sporenwände bedeutend verstärkt werden, offenbar durch Einbau von mehr Sporopolleninen (wachsartige Substanzen, s. Abb. 48). Durchschnittlich enthalten heute die Sporen der Landpflanzen doppelt soviel davon wie die Wände der Algen. Eine solche Anreicherung macht die Körper widerstandsfähiger, nicht zuletzt auch gegen Schädlingsfraß und Pilzbefall. Mit der Verdickung und Skulpturierung der Sporenwände wurde es möglich, daß Insekten zur Verbreitung der Sporen beitrugen (Abb. 49 b, c). Die Sporen wurden offenbar so resistent, daß sie den Verdauungstrakt der Tiere unbeschadet passieren konnten. Sporen sind zum Beispiel reichlich in den überlieferten Darmausscheidungen (Koprolithen) paläozoischer Insekten enthalten. Beim Tausendfüßler *Arthropleura* fanden sich angeheftet an den Gliedmaßen die Sporenpakete des Samenfarns *Medullosa*. Das Tier war möglicherweise als Bestäuber der Pflanze tätig. Anhäufungen von Sporen hat man auch

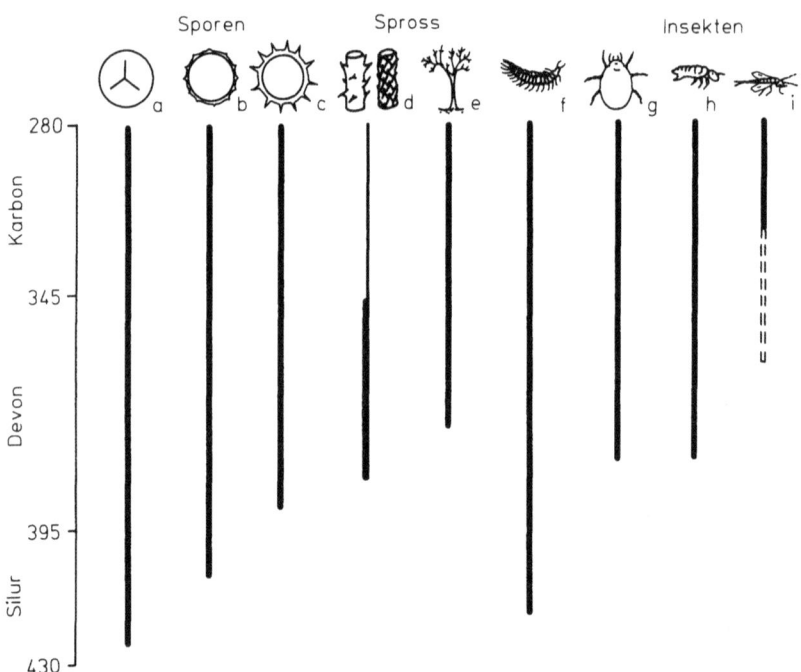

Abb. 49 a–i. Wechselbeziehungen zwischen Landpflanzen und Gliedertieren im Erdaltertum (s. Zeitskala *am linken Rand*). *(a–c)* Verstärkung der Sporenwände durch Sporopollenin verbessert den Schutz, *(d, e)* erhöhte Lignin-Produktion führt von bedornten zu beblätterten Sproßformen und schließlich zu baumförmigen Holzgewächsen. Das alles vollzieht sich synchron zur Ausbreitung der Gliedertiere *(f–i)*. Vereinfacht nach Kevan et al. (1975)

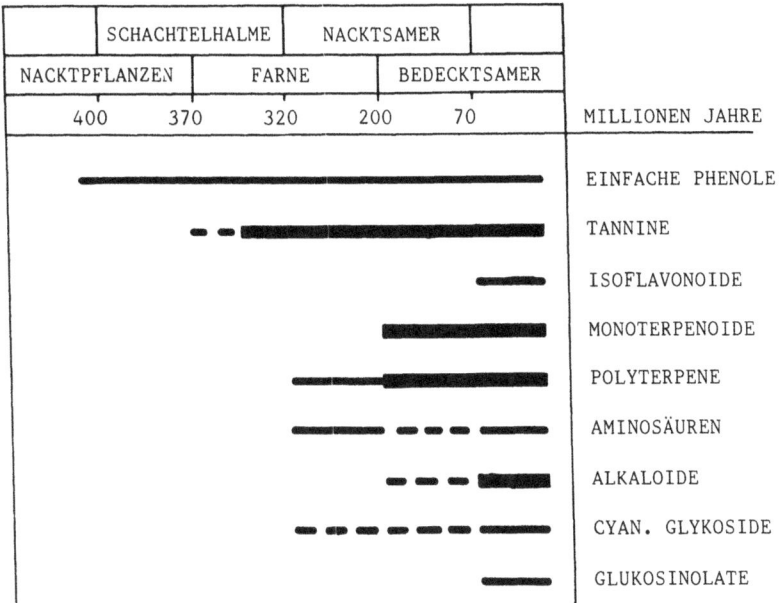

Abb. 50. Evolution chemischer Verteidigungswaffen bei Pflanzen. Nach einer Zusammenstellung in Swain (1978)

unter den Flügeln der Steinkohlengrillen entdeckt. Heuschrecken und Grillen waren offenbar Pflanzenfresser, die Schaben mehr Allesfresser, aber einige Schaben haben offenbar auf Pflanzenblättern gelebt und Sporen verzehrt. Charakteristisch für einen dieser Vertreter ist eine frühe Form der Tarnung (Mimese). In der Nervatur ihrer Flügel wird die Aderung bestimmter Farnblätter imitiert (Abb. 53) [90, 174].

Vom Oberdevon an breiten sich Insekten in den Steinkohlenbecken aller Kontinente aus. Neben urtümlichen *Springschwänzen, Silberfischchen* und *Schaben* erscheinen höher entwickelte geflügelte Formen, wie die *Riesen-Libellen,* deren Flügel 75-100 cm spannten. An den Sprossen und Blättern der frühen Pflanzen finden sich vielfach Bißspuren, die auf Insekten hinweisen, wie sie sich wohl auf Zellsaft als Nahrung spezialisiert haben. Als Gegenmaßnahme haben die Pflanzen offenbar die kutikulare Außenschicht ihrer Körperoberfläche durch Verwendung festerer Wachse verbessert. Das Kutin der frühesten Landpflanzen, der sog. Nacktpflanzen hat noch eine einfache chemische Zusammensetzung gehabt. Das zeigen chemische Analysen der Fossilien, folgt aber auch aus Vergleichen der heutigen Nachkommenschaft [15, 81, 90].

Andere biochemische Entwicklungen der frühen Landpflanzen leiten sich aus der phenolischen Komponente ab. Flavonoide zum Beispiel sind in allen heutigen Landpflanzen enthalten, fehlen aber in Algen und Pilzen. Vermutlich waren diese bereits früh in der Abwehr gegen Pilze und Insekten eingesetzt und haben sich im ständigen Abwehrkampf weiterentwickelt, zunächst gegen diese, später auch gegen Landschnecken. Bestimmte Synthesen haben sich dabei als besonders erfolgreich erwiesen, so die Fähigkeit, mehr Sporopollenin herzustellen sowie mehr Lignin und verschiedene Vielzweck-Antibiotika. *Die biochemische Evolution* war für die Pflanze sicher genauso bedeutend, wie die der Morphologie und Anatomie. Zu den Stoffen, die vor Pilzbefall schützen, gehören u. a. die Tannine, wie sie besonders in Borke und Holz eingelagert werden (Abb. 51 c). Wichtig sind auch die verschiedenen sog. Mimikry-Substanzen, die den Hormonen der Insekten nachgebaut und dazu bestimmt sind, deren Lebensprozesse, z. B. die Metamorphose zu stören. Solcher Maßnahmen sind die Insekten offenbar in der Erdgeschichte niemals ganz Herr geworden. Die Drüsenhaare der Steinkohlenpflanzen indizieren, daß Synthese und Ausscheidung von Sekretstoffen schon früh gebräuchlich war [167, 168].

In den Beziehungen zwischen Insekten und Pflanzen spielt auch der *Kampf um den Stickstoff* eine Rolle. Bezeichnenderweise ist es nur relativ wenigen Gruppen der Gliedertiere gelungen, an modernen bedecktsamigen Blütenpflanzen zu schmarotzen. Ein Grund dafür könnte die Stickstoff-Hürde sein, eine spezielle Taktik der Pflanze, die darin besteht, das

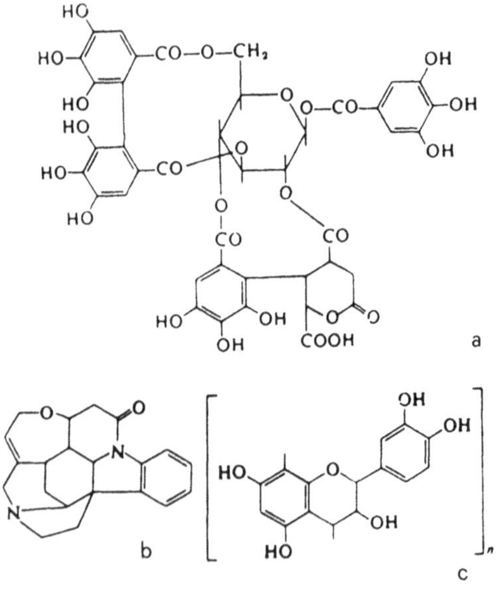

Abb. 51. (a) Strukturbeispiel für ein hydrolisierbares Tannin, (b) Strychnin, ein Alkaloid, (c) Procyanidin, ein kondensiertes Tannin (n = 2–6). Nach Swain (1978)

Protein-Angebot niedrig zu halten, soweit das die leicht erreichbaren Körperteile betrifft. Hier liegt der Protein-Gehalt meist unter 15% der Trockenmasse. Insekten benötigen gewöhnlich aber mindestens 25% Protein in der Nahrung. Deshalb lagern die Pflanzen ihr Protein bevorzugt an für tierische Schädlinge unzugänglichen Stellen ein [119].

Am Ende des Erdaltertums fallen zwei bedeutende Ereignisse zusammen. Viele Vertreter des Steinkohlenwaldes, wie Siegelbäume, Schuppenbäume und baumförmige Schachtelhalme werden durch modernere Samenpflanzen wie Koniferen, Ginkgobäumen und Cycadeen verdrängt. Etwa zu gleicher Zeit erscheinen Reptilien, *die ersten Landwirbeltiere,* die sich dank besonderer Entwicklungen vom Wasserleben ganz unabhängig machen konnten. Die Pflanzenfresser unter ihnen bedeuteten eine neue Gefahr für die Flora. Diesem Angriff hatten die Steinkohlenpflanzen offenbar nicht viel entgegenzusetzen. Besser wußten sich offenbar die neu entwickelten Samenpflanzen zu schützen. Sie produzieren eine Fülle von Substanzen, wie sie die Pflanze ungenießbar machen, Mono-, Sesqui- und Diterpenoide zum Beispiel. Farne und die anderen Steinkohlengewächse enthalten, wenn überhaupt, nur wenig solche Verbindungen (Abb. 50) [167].

Vielleicht haben die neuen Abwehrstoffe beim Aussterben der karbonischen Insektenwelt mit ihren Riesenformen mitgeholfen. Im Perm, zum Ausgang des Erdaltertums wird weltweit das Klima trockener und heißer, auch das dürfte zum *Umbruch in der Insektenwelt* beigetragen haben. Eine neue Insekten-Generation von kompakteren Körperausmaßen erscheint

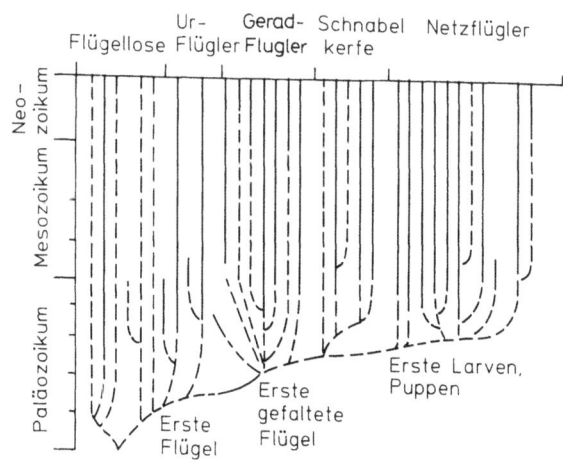

Abb. 52. Evolutionslinien der Insekten. Vereinfacht nach Tasch (1973)

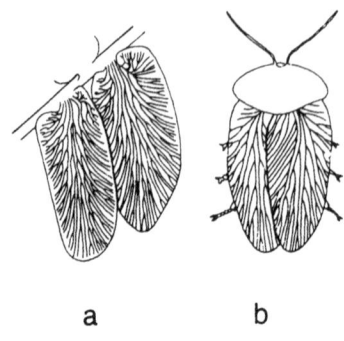

Abb. 53a, b. Tarnung zur Karbonzeit. (a) Blätter des Farnsamers *Odontopteris*, (b) *Phylomylacris*, eine Steinkohlen-Schabe. Nach Fisher (1979) aus Taylor & Scott (1983)

zuerst im nördlichen Nordamerika, breitet sich aber von dort schnell über alle Kontinente aus. Sie entfaltet sich dabei mit einer solchen Schnelligkeit, wie das zu keiner Zeit vorher oder nachher geschehen ist. Eine besondere Neuerung hat sich anscheinend damals im Lebenszyklus der Insekten durchgesetzt, die vollständige Verwandlung mit Puppenstadium [75], (Abb. 52).

Beim Landleben ist der Einsatz besonderer Körpersekrete nützlich. Insekten, aber auch Tausendfüßler und Spinnen können aus Drüsen der Epidermis feine starke und wasserunlösliche Fäden spinnen. Diese bestehen aus Gerüstproteinen wechselnder Zusammensetzung und dienen verschiedenartigen Zwecken. Häufig werden daraus Hüllen für Eigelege oder die Kokkons der Puppen gefertigt. Das dürfte auch wohl der ursprüngliche Verwendungszweck gewesen sein. Solche Schutzhüllen halten viel Luft zwischen ihren Fasern fest und isolieren so den Inhalt gegen Kälte, Hitze und Strahlung. Sie bieten außerdem Schutz gegen Feinde und Schädlinge. Das bekannteste Beispiel solcher Fäden ist die Naturseide der Seidenraupe. Seidenfäden haben einen komplexen Aufbau. Sie enthalten einen Kern aus dem Proteinstoff Fibroin und einen Mantel aus einem zweiten Protein, dem Sericin. Die Substanzen sind fossil nicht beständig, Spinnfäden sind nur aus sehr junger Zeit überliefert.

Für die Wirbeltiere waren einige besondere Umstellungen erforderlich, bevor sie sich ganz ans Landleben anpassen konnten. Immerhin brachten die *quastenflossigen Fische*, wie sie als erste Pioniere das Wasser im Oberdevon verließen, für ein Leben an Land einige günstige Voraussetzungen mit (Abb. 54). Ihre Epidermis ist wie die aller Wirbeltiere derbwandig und mehrschichtig aufgebaut, nicht nur aus einer einzigen Lage wie die Kutikula der Wirbellosen. Ein wichtiger Schritt zur Ausgestaltung der Epidermis für ein Leben an Land war die Produktion des Eiweißstoffes *Keratin*. Dieser wird in einer äußeren Zellschicht der Haut abgelagert, die daraufhin abstirbt und eine solide Außenschicht bildet. Keratin findet sich

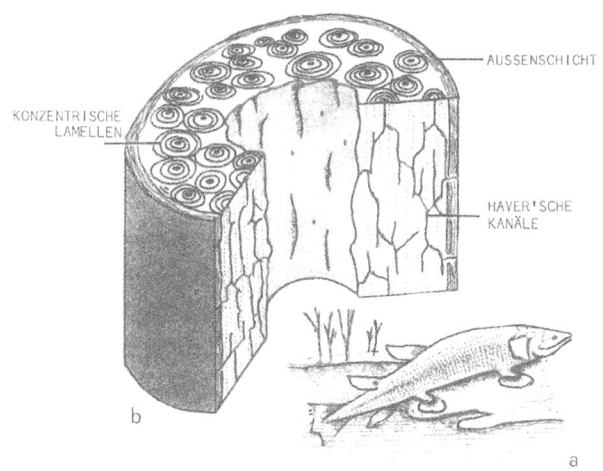

Abb. 54. (a) Lebensbild des devonischen Quastenflossers *Eusthenopteron*. *(b)* Aufbau des Wirbeltierknochens. *(a)* Nach Romer aus Krumbiegel (1981), *(b)* nach le-Gros-Clark aus Brown (1975)

in den Schuppen der Reptilien, den Haaren der Säugetiere und den Federn der Vögel. Es handelt sich dabei nicht um eine chemisch einheitliche Substanz, sondern um eine Vielzahl voneinander etwas unterschiedlicher Proteine, denen aber bestimmte Eigenschaften gemeinsam sind. So sind in ihnen stets Disulfid-Gruppen enthalten, welche die Protein-Moleküle miteinander verketten. Dadurch wird das Material sehr widerstandsfähig, z. B. unlöslich in den für Proteine gebräuchlichen Lösungsmitteln.

Konsequent ist die Technik der epidermalen Verhornung erst von den Landsauriern angewandt und ausgebaut worden. Reptilien lagern reichlich Keratin in ihre Haut ein, was diese trockener, härter und weniger wasserdurchlässig macht. Die amphibischen Vorläufer dagegen, die Zeit ihres Lebens mit dem feuchten Milieu verhaftet geblieben sind, hatten offenbar noch kein oder nur relativ wenig Keratin in ihrer Haut. Heutige Amphibien scheiden aus Hautdrüsen große Mengen von Schleimstoffen aus und halten damit ihre Körperoberfläche feucht. Die Amphibienhaut ist durchweg sehr wasserdurchlässig und resorptionsfähig. Durch diese und nicht durch den Mund nehmen Amphibien hauptsächlich ihr Trinkwasser zu sich. In Trockenperioden sind die Tiere ohne Verdunstungsschutz und müssen sich anders behelfen. Einige unter den heutigen Vertretern können bis zu 60% ihres Körperwassers verlieren, ohne Schaden zu nehmen. Besser hatten die Reptilien das Austrocknungsproblem mithilfe ihres Keratinkleides gelöst.

Mit der geologischen Erhaltung der Epidermis ist es schlecht bestellt. Bei der Fossilisierung vergehen Haut, Haar und Hörner in der Regel, nur dicke Schuppen und Hornreste auf den Knochenplatten der Schildkröten sind unter günstigen Umständen konservierbar. Es gibt weitere Ausnahmen aus jüngerer Zeit. So konnte man die Haut eines Frosches mit erhaltenen Epithelzellen aus tertiären Braunkohlen des Geiseltales herauspräparieren [120]. Haare vom Eichhörnchen und das Schuppenkleid einer Eidechse sind im Bernstein überliefert [94], (Abb. 55). Die Schuppenfragmente eines Aligators und eines Leguans sowie Haar- und Hautreste von Fledermäusen haben sich im alttertiären Ölschiefer von Messel erhalten gefunden [53]. Bei den Leichen der *Fischsaurier*, wie man sie auf Tonschieferplatten wohlerhalten findet, sieht es häufig so aus, als sei die Haut noch erhalten. Die chemische Analyse zeigt aber, daß die dunklen Konturen, die das Skelett umkleiden und die ehemalige Umrißform des Tieres vortäuschen, nur aus Abbauprodukten von Haut und innerer Körpersubstanz bestehen. Palmitin- und Stearinsäure herrschen im Umwandlungsprodukt vor. Aminosäuren sind im Konturbereich deutlich abgereichert, also offenbar ins Sediment abgewandert [74].

Als gut geeignet für ein Leben an Land erweist sich das Innenskelett der Wirbeltiere (Abb. 54b). Ihr *Knochen* setzt sich aus Lagen von Kollagenfasern zusammen, in deren Maschen vor allem Phosphatsalze der Apatitgruppe in winzigen Nadeln und zwar meist parallel zur Knochen-Längsachse eingelagert sind. Die Zusammensetzung der Kristalle entspricht etwa der Formel $Ca_{10}(PO_4)_2(OH)_2$. Die Richtung der Kollagen-Fasern wechselt von Lage zu Lage: längs, konzentrisch oder spiralig bezogen auf die Knochenachse. Die anorganischen Salze tragen erheblich zur Ver-

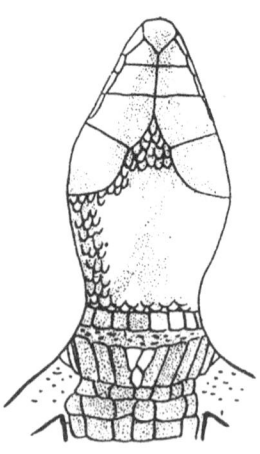

Abb. 55. *Nucras succinea*, eine im Bernstein eingeschlossene Eidechse mit erhaltener Schuppenstruktur. Nach Boulenger & Klebs aus Kruckow (1962)

steifung des Knochens bei, sie verdoppeln die Festigkeit im Vergleich zum reinen Kollagengerüst, haben also eine wichtige Stützfunktion. Die Kombination von Calciumphosphat mit Kollagen-Fasern ist übrigens für Wirbeltiere spezifisch und offensichtlich einer der Faktoren, die den Erfolg dieser Tiergruppe begründen. Apatit ist sehr druckfest, Kollagen sehr zugfest. Beide Materialien zusammen ergeben damit ein vorzügliches Gerüst. Das Material hat sich auch in den Zähnen, also in einem besonders stark beanspruchten Werkzeug bewährt. Diese haben sich vermutlich ursprünglich aus Stacheln der Hautschuppen entwickelt.

Aus fossilen Knochen ist die organische Komponente meist verschwunden. In Funden aus Erdmittelalter und Erdneuzeit lassen sich gelegentlich noch Spuren der Kollagenfasern unter dem Mikroskop erkennen. Ihre Zersetzungsprodukte, freie Aminosäuren, hat man in Dinosaurier-Knochen des Erdmittelalters nachgewiesen, unter diesen gelegentlich auch Hydroxyprolin, das als fossiler Anzeiger für Kollagen gilt [85, 202]. Aber solche Funde sind Ausnahmen, der Normalfall ist eine baldige Zersetzung. Lebender Knochen besteht zu etwa 23% aus Kollagenfasern. Gewöhnlich ist davon nach kurzer Verweildauer im Boden nur noch wenig erhalten, nach 1 Mio Jahren allenfalls ca. 0,1%. Das meiste wird zu löslichen unspezifischen Polypeptiden umgesetzt, wobei mikrobielle Tätigkeit eine wesentliche Rolle spielt. Ein beträchtlicher Teil der aus fossilen Knochen extrahierbaren Aminosäuren dürfte also aus dem Stoffwechsel von Bodenbakterien stammen [73, 181].

Zurück zur Geschichte der Saurier. An dem überkommenen Skelettmaterial brauchten die frühen Landtiere nicht viel zu verbessern, um so mehr mußte zum Schutz der jungen Brut getan werden. In ihrer ursprünglichen Lebensweise legen Amphibien ihre Eier im Wasser ab, wo diese sich dann, stets umgeben vom feuchten Medium, entwickeln. Das Ei der Reptilien dagegen ist mit einer Reihe von anatomischen und biochemischen Besonderheiten ausgestattet, die ein Überleben auf dem trockenen Land möglich machen. Eine davon ist die äußere Mineralschale, die meist vorwiegend aus Calciumcarbonat besteht [92]. Diese zusammen mit einer inneren aus Proteinen aufgebauten Membran schützt den Keim gegen Wasserverlust und vor schädlichen Umwelteinflüssen. Beide Hüllen sind fast undurchlässig für Flüssigkeiten, erlauben aber den Gasaustausch mit der Umgebung. Interessant ist die besondere Behandlung des Phosphors im Ei. Das Element ist nicht wie beim erwachsenen Tier vorwiegend in der Mineralsubstanz gespeichert, sondern in den Lipoproteinen der Dotter, der die Ernährung des Embryo besorgt.

Innerhalb des Eis muß der Embryo über ein komplettes Versorgungs- und Entsorgungssystem verfügen, das ihn unabhängig von der Außenwelt macht. Also müssen Saurier-Eier größer als jene der Fische und Amphibien sein. Konsequent dazu wird die Zahl der Eier im Gelege kleiner und damit sinkt die Überlebenschance der Brut, soweit sie vom Gesetz der großen Zahl bestimmt ist. In der Evolution der Landwirbeltiere besteht die Tendenz, diesen Nachteil durch verbesserte Brutpflege und sorgfältigere Ausgestaltung des Eis wettzumachen. Im Ergebnis nimmt deren Größe noch weiter zu. Das ist in der Überlieferung erkennbar, denn fossile Reptileier sind verschiedentlich gefunden worden. Auf einige besondere Funde werden wir noch zu sprechen kommen. Verglichen mit diesen sind Vogeleier durchweg erheblich größer. Selbst die Riesen unter den Sauriern haben soweit wir wissen, relativ kleine Eier von kaum mehr als 25 cm Durchmesser produziert. Das größte fossile Vogelei dagegen hat etwa 37 cm Größe, obwohl das ausgewachsene Tier die Dimension eines Großsauriers bei weitem nicht erreicht hat. Zahlreiche, zum Teil in Nestern und Gelegen angehäufte Eier kommen u.a. in Oberkreide-Sandsteinen von Süd-Frankreich vor. Diese gehören offenbar zu mehreren verschiedenen Arten von Sauriern. Vogeleier sind vor dem mittleren Tertiär nur wenige überliefert.

Das Iridium-Ereignis – eine Aussterbekatastrophe?

In Gesteinsschichten der Toskana hat man vor einigen Jahren eine besondere Entdeckung gemacht. Hier im Übergangsbereich zwischen Kreide und Tertiär ist eine etwa 2 cm starke Tonschicht eingeschaltet, die sich von den über- und unterlagernden Nachbarschichten auffällig unterscheidet. Die Ablagerung, „Grenzton" genannt, ist so gut wie frei von Fossilien, wie sie darüber und darunter reichlich vorkommen. Andererseits enthält das Sediment die seltenen Metalle Iridium und Osmium in ungewöhnlich hohen Konzentrationen. Der Grenzton läßt sich als Horizont über weite Bereiche verfolgen. Man hat ihn inzwischen auch über Kreideprofilen anderer Kontinente entdeckt und auch in solchen der Ozeanböden [80, 3], (Abb. 56).

Iridium kommt in der Erdkruste durchweg spärlich vor, vergleichsweise viel ist aber in Meteoriten enthalten. Deshalb findet man auf der Erde

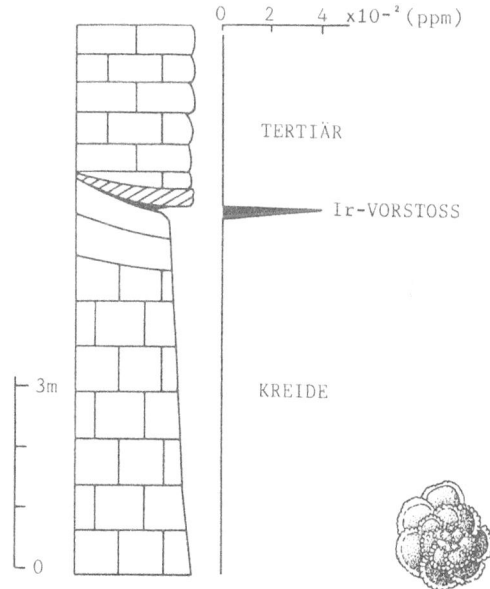

Abb. 56. Kalkstein-Profil mit einer starken Anreicherung von Iridium im Grenzton. („Ir-Vorstoß"). Aufschluß Højerup church, Stevns Clint, Dänemark; *rechts unten:* Foraminifere. Zusammengestellt nach Vorlagen von Alvarez et al. (1980), Brasier (1980)

nur dort etwas mehr davon, wo sich viel kosmischer Staub, aber nur wenig anderes Material ablagert. Das ist zum Beispiel in den landfernen Bereichen der ozeanischen Becken der Fall, die von der kontinentalen Stoffzufuhr nicht erreicht werden. Aber im „Grenzton" ist der Iridium-Gehalt unverhältnismäßig hoch, etwa dreißigmal höher als in den Schichten darüber und darunter. Das läßt sich nicht aus dem alltäglichen Niederschlag von kosmischem Staub erklären. Man nimmt an, daß die Mengen von einem riesigen Himmelskörper mitgebracht worden sind, der am Ende der Kreidezeit auf die Erde niedergegangen ist. Rechnet man die Konzentrationen hoch, dann müßte der Körper einen Durchmesser von etwa 10 km gehabt haben, falls es sich um einen Asteroiden gehandelt hat. Falls es ein Komet war, wie er viel Wassereis enthält, müßte der Körper sogar 20 km gemessen haben. Ein Komet dieser Größe, wäre bei Annäherung an die Erde vermutlich unter den Gravitationskräften zerborsten und als Schauer von Trümmern niedergegangen, wie sie keine größeren Krater mehr schlagen können. Wäre er als kompletter Körper aufgeschlagen und zwar mit der zu erwartenden Endgeschwindigkeit von 45 km/sec, dann wären gewaltige Mengen Energie frei geworden, in der Größenordnung schätzungsweise soviel wie ein Viertel der jährlichen Einstrahlungsenergie der Sonne oder sogar mehr. Soviel Gewalt auf einmal hätte die Atmosphäre auf etwa 190 °C gebracht, falls alle Energie in der Atmosphäre geblieben wäre. Stoßwelle und Hitze müßten alle Wälder vernichtet und alle Tiere getötet haben [185].

Nicht so stark ist die Wirkung, wenn das Material in Form von Staub und Stücken abregnet. Das scheint der Fall gewesen zu sein. Ein Indiz dafür findet sich in der sog. „Übergangszone", die den Grenzton überlagert, sich also nach dem Ereignis gebildet hat und zwar etwa 30 000–50 000 Jahre danach. Der in diesem Sediment enthaltene Sauerstoff hat eine ungewöhnliche isotopische Zusammensetzung, die darauf hinweist, daß die Meerwassertemperatur nach dem Ereignis nicht gestiegen, sondern um ca. 8 °C gesunken ist. Hieraus wiederum schließt man, daß keine großen massiven Körper niedergegangen sind, sondern Trümmer und Stäube, die das Sonnenlicht verdunkelt und damit Sonnenwärme von der Erde ferngehalten haben. In der Folgezeit scheinen die Wassertemperaturen dann wieder gestiegen zu sein, vermutlich, nachdem sich der Staub niedergeschlagen hatte. Aber auch ein zweiter Einfluß könnte an der nachfolgenden Erwärmung beteiligt gewesen sein, nämlich ein Anstieg des atmosphärischen CO_2-Gehaltes. Dieses Gas ist ein wirksamer Speicher für Strahlungswärme. Es reichert sich in der Atmosphäre an, wenn die photosynthetische Aktivität der Pflanzen nachläßt, bei der normalerweise viel CO_2 verbraucht wird. Offenbar hat das Einschlagsereignis zu einem katastrophenartigen Zusammenbruch der Biosphäre geführt und auch die Pflanzenwelt betroffen. Das hat man jedenfalls gefolgert und manches im Fossilbefund scheint auch darauf hinzudeuten.

Auffällig ist das Fehlen von kalkigen Fossilien im Grenzton. Aber möglicherweise ist das erst ein Ergebnis der Kalk-Lösung. Bei erhöhten CO_2-Drucken in der Atmosphäre ist ein solcher Effekt zu erwarten, weil dann das Wasser lösungsaggressiv wird. Auffällig ist aber auch, daß der Grenzton zeitlich mit den großen Aussterbevorgängen zusammenfällt, wie sie die irdische Lebewelt am Ende des Erdmittelalters verbreitet betroffen haben. Oberhalb des Grenztons, d. h. nach dem Iridium-Ereignis, hat sich der Plankton der Ozeane in seinem Artenbestand drastisch verringert. Von der Artenfülle der Globigerinen, einer Gruppe tierischer Einzeller zum Beispiel, bleibt nur noch ein Zehntel als Restbestand übrig. Die meisten Meeresreptilien, alle Ammoniten und Belemniten sowie alle Rudisten, eine Gruppe riffbauender Muscheln, sind so gut wie verschwunden. Etwa 30% der vorher existierenden Pflanzen- und Tierfamilien sind verloschen. Kaum ein Landtier das schwerer als 25 kg war, hat das Ereignis überlebt, dazu kein Flugsaurier und fast keiner der Land-Dinosaurier.

Erklärt sich also das große Aussterbe-Ereignis am Ende des Erdmittelalters als Folge eines Meteoriten-Einschlags? Die Paläontologen haben starke Bedenken [98, 46, 205]. So müßte man von einer Einschlagskatastrophe der postulierten Art wohl erwarten, daß alle Lebewesen gleichermaßen betroffen waren, Reptilien und Säugetiere, Flugsaurier und Vögel zum Beispiel. Aber davon kann keine Rede sein. Einige Gruppen zeigen sich kaum beeinträchtigt, so die Knochenfische im Meer, die Eidechsen auf dem Land, Schlangen, Krokodile, Schildkröten und schließlich auch die Vögel und Säugetiere. Das Aussterbe-Ereignis am Ende der Kreide hat also eine eigenartig selektive Wirkung gehabt. Sie ist zwar gleicherweise auf dem Land und im Wasser deutlich, im Meer aber sind die Spuren insgesamt stärker als anderswo, und hier wieder erscheinen einige Gruppen besonders heftig, andere kaum betroffen. Unter den Bodenbewohnern der Flachmeere zum Beispiel werden die Stachelhäuter und Schnecken unter denen des offenen Meeres die Planktonten und Kopffüßer stark dezimiert. Das alles passiert aber keineswegs plötzlich und schlagartig, wie das für eine Einschlagskatastrophe zu erwarten wäre. Vielmehr bahnt sich der Niedergang schon lange *vor* dem Iridium-Ereignis an. Im tierischen Plankton erscheinen mehr und mehr Vertreter von abnormer Form oder zwerghafter Größe und das bereits in Schichten unterhalb des Grenztones. Das Plankton befand sich also schon vorher in der Krise. Ähnliches ist bei Kopffüßern, hier besonders bei Ammoniten aber auch bei anderen Meerestieren zu beobachten. Von vielen Vertretern dieser Gruppe war am Ende der Kreide, kurz vor dem Iridium-Ereignis nur ein kleiner Restbestand an Arten übrig geblieben. Dieser schleppende Ablauf des Aussterbe-Ge-

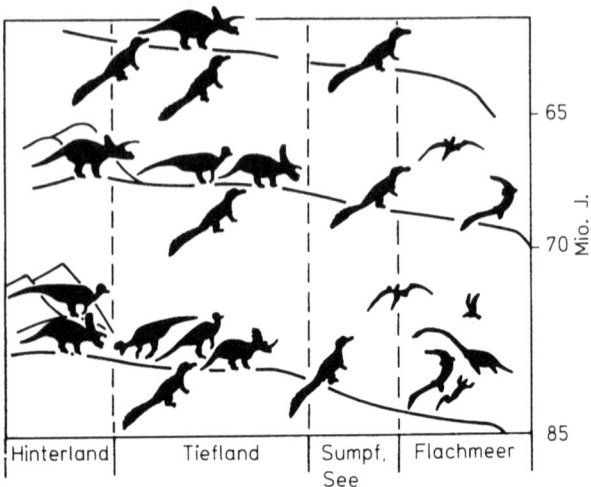

Abb. 57. Massensterben der Saurier in Nordamerika, veranschaulicht in drei Stadien der späten Kreide (ca. 85, 70, 65 Millionen Jahre). Vereinfacht nach Bakker (1977)

schehens läßt sich mit einer einzigen Einschlagskatastrophe schlecht erklären.

Besonders detailliert ist die Geschichte des Saurier-Sterbens auf dem nordamerikanischen Kontinent überliefert (Abb. 57). Was hier zur Zeit des Iridium-Ereignisses hinweggerafft wird, ist nicht mehr als ein Überrest von etwa einem halben Dutzend Dinosaurier-Gattungen. Aber auch diese verschwinden nicht gleichzeitig, einige scheinen das Einschlagsereignis sogar mehr als 2 Millionen Jahre überlebt zu haben [46]. Bezeichnenderweise standen die betroffenen Gattungen ohnehin auf der Aussterbeliste. Sie hatten bereits 4–5 Millionen Jahre Entwicklungsgeschichte hinter sich und damit die mittlere Lebensdauer einer Dinosaurier-Gattung überschritten. Nicht die Tatsache, daß diese Gattungen ausgestorben sind, ist also das Problem, sondern die Merkwürdigkeit, daß diesen keine neuen Gattungen nachgefolgt sind. Der eigentliche Niedergang der Dinosaurier hat übrigens schon viel früher begonnen, kurz nach der Blütezeit in der mittleren Kreide, nämlich vor ca. 85 Millionen Jahren. Das ist immerhin 20 Millionen Jahre vor dem Iridium-Ereignis. Im frühen Maastricht, d.h. ca. 5 Millionen Jahre vorher, sterben bereits viele Meeresreptilien aus, im obersten Maastricht (vor ca. 68 Mio. J.) verschwinden die Saurier des Binnenlandes, aber gleichzeitig nehmen die Saurier der Binnengewässer in ihrer Artenzahl sogar noch zu. Die Meeresreptilien sind damals schon ganz ausgestorben, mit Ausnahme von zwei Gruppen Schildkröten, beides sol-

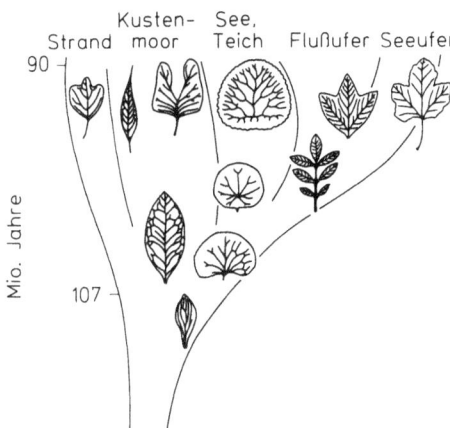

Abb. 58. Entfaltung der bedecktsamigen Blütenpflanzen in der tiefen Kreide Nordamerikas. *Links:* Zeitskala. Nach Retallak & Dilcher aus [132]

che, die sich nicht nur im Wasser, sondern auch auf dem Strand aufhalten können [5].

Kurz bevor es mit den Sauriern abwärts geht, kommt es bei den bedecktsamigen Blütenpflanzen (Angiospermen) zu einem schnellen Aufstieg (Abb. 58). Die Aufeinanderfolge beider Ereignisse könnte mehr als Zufall sein. Angiospermen haben besonders wirksame Abwehrstoffe gegen Tierfraß entwickelt (Abb. 51, S. 88). Dazu gehören die hydrolysierbaren Tannine, die etwa zehnmal effektiver sind als die kondensierten Tannine, wie sie von Nacktsamern und anderen älteren Pflanzen produziert werden konnten. Zu ihren Neuentwicklungen im Kampf gegen tierische Schädlinge gehören weiterhin die Alkaloide wie Strychnin. Auch solche gibt es bei den anderen Pflanzen (mit Ausnahme der Bärlappe) nicht. Möglicherweise haben die Bedecktsamer diese chemischen Waffen gegen die pflanzenfressenden Großreptilien eingesetzt. Mit dem Aufkommen solcher Strategien wäre diesen ein Teil ihrer Nahrungsgrundlage entzogen worden. Solche Wechselwirkungen im ökologischen System dürften bei den Aussterbeereignissen mitgespielt haben. Kein Organismus kann auf die Dauer überleben ohne eine größere Zahl von Schutzstoffen zu entwickeln. Wenn wir vorsichtig geschätzt annehmen, daß in heutigen bedecktsamigen Blütenpflanzen größenordnungsmäßig etwa 10000 verschiedene Verbindungen im Sekundär-Stoffwechsel produziert werden, dann muß damals mindestens alle 10000 Jahre ein neuer Weg in der Biosynthese gefunden worden sein. Das ist eine höhere Rate als sie für die Protein-Evolution angenommen wird. Entsprechend tiefgreifend muß der Einfluß auf die in der Nahrungskette abhängige Tierwelt gewesen sein [167].

Was läßt sich aus dem Befund folgern? Offenbar liegt dem Evolutionsgeschehen, wie es sich in der Überlieferung abzeichnet, ein vielschichtiger

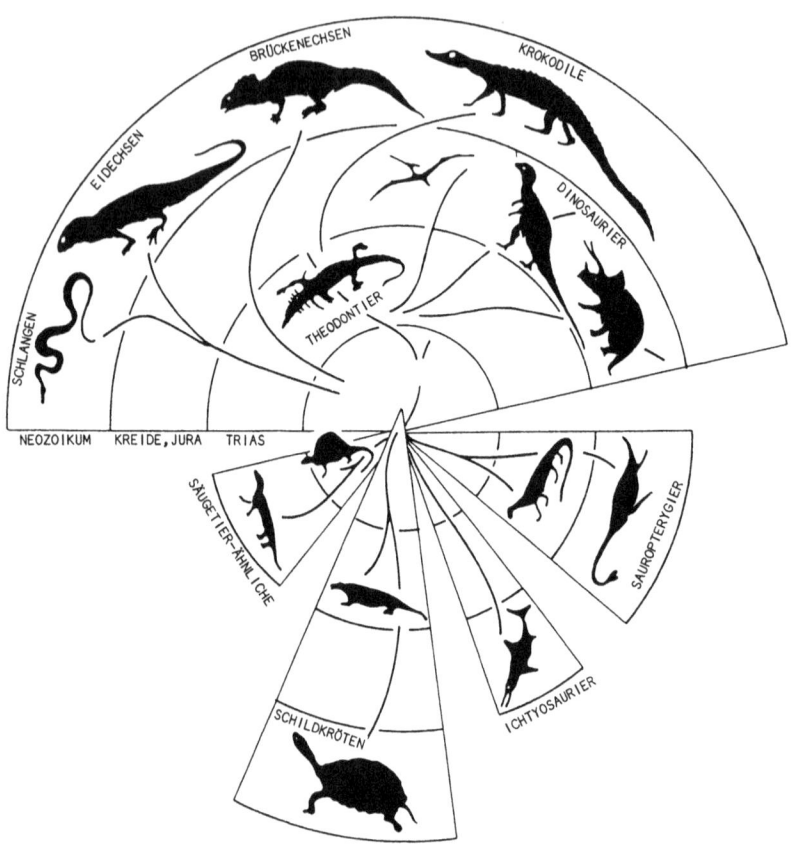

Abb. 59. Stammesgeschichte der Reptilien. Vereinfacht nach Colbert (1969) aus Fairbridge & Jablonski (1979)

Ursachenkomplex zugrunde. Als Folge eines einzigen Meteoriteneinschlags läßt sich keiner der bekannten Umbrüche befriedigend erklären. Wenn extraterrestrische Faktoren im Spiel sind, dann waren das nicht (oder nicht nur) Katastrophen. Vielmehr müssen solche Einflüsse jeweils längerfristig, über eine bestimmte Zeitspanne hinweg auf die Lebewelt direkt oder indirekt belastend eingewirkt haben (Abb. 62, S. 108).

Aussterbe-Ereignisse und biochemische Evolution

Zeiten biologischen Umbruchs, wie die am Ende der Kreidezeit hat es mehrfach in der Erdgeschichte gegeben, über ein Dutzend davon allein in den letzten 600 Millionen Jahren. Allen sind bestimmte Züge gemeinsam. So folgt jedem Aussterbevorgang eine Phase der Erholung, in der durch Erscheinen neuer Arten der Aussterbeverlust mehr oder weniger ausgeglichen wird. Aussterben und Neubildung treten also jeweils als Doppelereignis auf. Interessant ist, daß die größeren dieser Umbrüche jeweils in periodischen Zeitabständen einander folgen. Sie geben gute Zeitmarken ab, deshalb hat man die Grenzen der geologischen Formationen in diese Umbruchsphasen gelegt, etwa jeweils zwischen Aussterbe- und Neubildungs-Ereignis.

Jeder der Umbrüche hat auch seinen eigenen Charakter. Manche sind besonders heftig. Zum Beispiel wird an der Wende vom Perm zur Trias ein Großteil des tierischen Familienbestandes ausgewechselt (Abb. 60). In den meisten Fällen übertreffen die in der Erholungsphase erzielten Neubildungsraten die Verlustraten der vorausgegangenen Aussterbephase, der Umbruch bringt also insgesamt einen Artengewinn. Manchmal bleibt unter dem Strich ein Verlust, die Neubildung kann den Schwund nicht ausgleichen. Die meisten solcher Vorfälle finden sich in der zweiten Hälfte des Erdaltertums. Dagegen ist etwa von der Jura-Zeit an bei den meisten Stämmen Entfaltung und Ausbreitung die Regel. Daran ändert auch das vieldiskutierte Aussterbe-Ereignis am Ende der Kreide nichts. Per Saldo sind die Meerestiere damals nur um etwa 1% dezimiert worden. Die Landtiere verzeichnen im Resultat sogar einen Artenzuwachs. Erst in der Erdneuzeit wächst die Aussterbe-Rate wieder über die Neubildungsrate, das besonders bei Landtieren und Meerespflanzen [69].

Merkwürdig ist, daß zwar alle Organismen auf ein Umbruchereignis Reaktion zeigen, das geschieht aber in ungleichem Ausmaß. Einige Tier- und Pflanzengruppen werden jeweils hart getroffen, andere weniger. Einige scheinen unberührt zu bleiben, jedenfalls was den quantitativen Bestand anbetrifft. Der Aussterbe-Etat wird zwar offenbar nach bestimmten Prinzipien festgelegt, diese sind aber in einzelnen undurchschaubar. Allenfalls lassen sich einige generelle Regeln erkennen. Ist zum Beispiel ein Tierstamm erst einmal in ein Umbruch-Ereignis hineingezogen worden, so

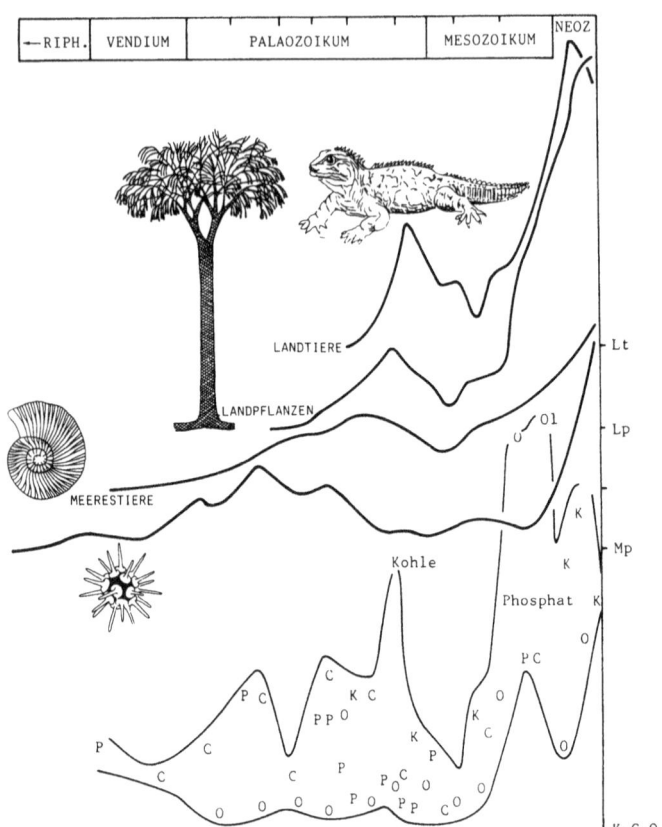

Abb. 60. Häufigkeitsverteilung der Organismen-Familien über die letzten 700 Millionen Jahre *(obere Kurven)* und zeitliche Verbreitung der biologischen Ablagerungsprodukte *(unteres Kurvenband).* Zeichenerklärung: *C,* Durchschnittsgehalte von organischem Kohlenstoff in den Sedimenten der USA u. europäischen USSR, (eingezeichneter Maximalwert: ca. 1,5% C); *P,* durchschnittliche Phosphatgehalte in Sedimenten der russischen Tafel, (eingezeichneter Maximalwert ca. 1,7% P_2O_5); *O,* Erdöl; *K,* Kohle, beide in Relativmengen. Alle Werte bezogen auf Formationen bzw. Formationsabschnitte. In der *rechten Skala* sind die Nullpunkte der Kurven markiert: *Mp,* Meerespflanzen; *Mt,* Meerestiere; *Lp,* Landpflanzen; *Lt,* Landtiere. Höchster eingezeichneter Kurvenpunkt ca. 200 Familien. Quellen: McAlester in Logan & Hills (1973), Schidlowski in Holland & Schidlowski (1982), Ronov & Korzina (1960), North (1979) u. a. Eingezeichnete Symbole von unten nach oben: Beerenalge, Ammonit, Schuppenbaum, Brückenechse (nach Brasier, 1980, Erben, 1970 u. a.).

wird er gewöhnlich auch in das nächste und übernächste verwickelt. Die Anfälligkeit dafür bleibt also meist über mehrere Phasen hinweg bestehen. Bei den Vierfüßern zum Beispiel wiederholt sich zwischen Perm und Kreide ein ähnlicher Ablauf etwa ein halbes Dutzend mal hintereinander. Jedesmal sterben zuerst viele Großtiere auf dem Land und die Reptilien im Meer aus. Die kleinen Landtiere, die Reptilien des Süßwassers wie auch die Landpflanzen zeigen sich weniger betroffen. In der jeweils folgenden Erholungsphase werden dann die leergeräumten Plätze mit Neuentwicklungen wieder besetzt. Was hinter diesen Zyklen steckt, ist nicht ganz klar [5].

Es sind noch weitere Regelmäßigkeiten zu erkennen. Im Neubildungsereignis erscheinen zunächst kleine, einfach gebaute Formen. Die ersten Schrecksaurier (Dinosaurier) zum Beispiel waren katzengroß, die ersten Säugetiere rattengroß. In der Weiterentwicklung kommt es zur Größenzunahme und Ausgestaltung des Körpers, bis dann am Ende bizarre Formen erreicht werden können. Charakteristisch dafür sind Wachstumsverzerrungen des Bauplans. Einzelne Organe nehmen an Größe enorm zu, während andere verkümmern. Vielfach kommt es zur Verlagerung innerer Organe. Bei *Tyrannosaurus* verkümmern die vorderen Gliedmaßen. Bei *Spinosaurus* wachsen die Dornfortsätze der Hals- und Rückenwirbel zu riesigen Stacheln bis auf 1,60 m Länge. Beim *Tanystropheus* verlängert sich der Hals so enorm, daß lebenswichtige Organe wie Zentralnervensystem, Kreislaufsystem und Luftröhre behindert scheinen. Beim *Mesosaurus* im Unterperm verkümmert der innere Markraum der Röhrenknochen bis auf einen engen Kanal. In späteren Fällen bilden sich am Schädel bizarre Knochenwucherungen. Bei Sauriern der Oberkreide z. B. verdicken sich die Knochen an Stirn und Schläfen ungewöhnlich stark, es entsteht ein großes Nasenpolster, ein doppeltes Schädeldach oder ein knöcherner Nackenschild. Offenbar verstehen sich die meisten dieser extremen Bildungen als Anpassungen an besondere, im einzelnen schwer deutbare Umweltbedingungen. Wenn diese sich ändern, verlieren die Formen an Tauglichkeit und ihre Entwicklung endet in einer Sackgasse.

Noch rätselhafter sind bestimmte Beziehungen, wie sie sich in der Evolution von Algen und Landpflanzen abzeichnen. Die Entfaltung der Landpflanzen fällt zeitlich häufig zusammen mit einem Niedergang der Meerespflanzen und umgekehrt. Die Summe beider Gruppen bleibt also in ihrer Artenhäufigkeit relativ konstant. Das gilt besonders für Erdaltertum und Erdneuzeit. Nur im höheren Abschnitt des Erdmittelalters gibt es eine Zeit, in der beide Gruppen gleichzeitig stark wachsen. Ein besonders eindrucksvoller Umbruch in der Lebewelt hat sich an der Perm/Trias-Grenze, also am Übergang von Erdaltertum zu Erdmittelalter abgespielt [69, 146]. *Ungefähr die Hälfte aller Tierfamilien starb damals aus.* Das Ereignis hat wirklich einige katastrophenartige Züge. Mehrere Stämme scheinen danach zunächst spurlos verschwunden zu sein, z. B. Foraminiferen, Moostierchen (Bryozoen), die Seelilien und Korallen. Andere, wie Schwämme, Armfüßer, Seesterne, Schlangensterne und Schalenkrebse (Ostrakoden) sind nur noch in stark verringerter Formenzahl übriggeblieben. Nur eine einzige Hai-Art hat die Wende überlebt. Aber bei genauerer Betrachtung stellt sich auch hier der Aussterbevorgang nicht als Augenblicksereignis, sondern als ein komplexer mehrphasiger Vorgang dar, der sich über einen Zeitraum von etwa 20 Millionen Jahren hinweggezogen hat. Legt man das überlieferte Datenmaterial zugrunde, dann beläuft sich die Aussterberate auf 2 Familien pro Jahrmillion. Das ist immerhin zweieinhalbmal mehr als der Durchschnittsrate der letzten 600 Millionen Jahre entspricht.

Wie in der Kreidezeit, trifft auch hier der Umbruch die einzelnen Stämme zu unterschiedlichen Momenten und mit unterschiedlicher Gewalt. Einige Gruppen waren schon lange vorher im steten Niedergang, zum Beispiel die Panzerfische und Haie, deren Abstieg sogar schon im Karbon begonnen hatte. Ähnliches gilt vor allem auch für die Dreilapper (Trilobiten), die bereits lange vor der Wende zum Erdmittelalter ganz verschwinden. Andere Stämme entwickeln im Perm noch eine kurze Blütezeit, bevor sie der Umbruch trifft. Dazu gehören die großen kalkschaligen Foraminiferen, eine Gruppe tierischer Einzeller, dazu gehören auch die Armfüßer (Brachiopoden) und die Blastoideen, entfernte Verwandte der Seelilien.

In anderen Stämmen wird nur eine bestimmte Gruppe betroffen und die andere nicht. Solche Ungleichmäßigkeiten finden sich besonders bei Stämmen mit Carbonat-Skeletten. So werden die Ammoniten erheblich dezimiert, andere Weichtiere, wie die Nautiloiden, Schnecken und Muscheln überleben das Perm ohne viel Änderung. Die festsitzenden Stachelhäuter werden stark betroffen, während die Seeigel kaum beeinflußt werden. Einige der Aussterbekandidaten wie die Runzelkorallen und die Perm-Ammoniten überdauern noch die Formationsgrenze und sterben erst danach, also mit etwas Verzögerung aus. (Darauf wird noch zurückzukommen sein).

Besonders lebhaft sind die Arten-Wechsel bei den *Wirbeltieren*, also den hauptsächlichen Produzenten von Phosphat-Skeletten. Bei den Fischen steigen vom Perm ab die Aussterbe-Raten mehr und mehr über die Neubildungsraten. Das ist in der Geschichte der Fische niemals wieder in dem Maße vorgekommen, weder vorher noch nachher. Im Oberperm verschwinden zehn der 18 Familien der Schmelzschupper, aber bereits in der Trias erscheinen dafür etwa 16 neue Familien. Für die Vierfüßer war der Perm/Trias-Übergang kein besonders einschneidendes Ereignis, denn alle

Hauptgruppen bis auf eine haben hier überdauert. Aber dann wird es lebhafter. Die thecodonten Reptilien, die am Ende des Perms nur mit einer Gattung vertreten waren, entfalten sich im Laufe der tieferen Trias nahezu explosiv, werden aber dann bis zum Ende der Formation von den neu aufkommenden Dinosauriern verdrängt (Abb. 59). Zur gleichen Zeit entwickeln die Landwirbeltiere viele neue Stammlinien, wie Urfrösche, Schildkröten, Eidechsen, Brückenechsen, die schon genannten Dinosaurier, verschiedene Meeressaurier und erste Säugetiere. So bildet sich in der Trias eine neue Welt heraus, u. a. mit 17 Reptilordnungen anstelle von 7 des Perm. Erst am Ende der Formation kommt es zu einem größeren Aussterbevorgang, dem fast alle Reptilien, soweit sie aus dem Perm übriggeblieben sind, zum Opfer fallen. Die triadischen Formen dagegen entwickeln sich mit unverminderter Stärke weiter. Am Ende der Trias sind fünf Ordnungen primitiver Vierfüßer ausgestorben. Insgesamt stellt sich der frühe Umbruch in der Landtier-Evolution also als ein differenziertes, mehrphasiges Ereignis dar [69, 146].

In mehreren Phasen wird auch die *Waldvegetation* umgestaltet. Die Baumgewächse des Steinkohlenwaldes sterben aus und werden durch die für das Erdmittelalter charakteristischen Koniferen und anderen Nacktsamer ersetzt. Das geschieht auf den verschiedenen Kontinenten zu verschiedenen Zeiten. An einigen Stellen auf der Nordhalbkugel erscheint der Nadelholzwald schon im frühen Perm, er breitet sich dann im Laufe des Perm schrittweise über die Erdteile aus. Wo ein Standort erreicht ist, geht der Steinkohlenwald sofort zugrunde. Auf die Südhalbkugel vorzudringen, gelingt diesen nordhemisphärischen Nadelhölzern erst in der Trias. Auffällig ist, daß diese Entwicklung von kontrastreichen Schwankungen des Klimas begleitet wird. Im tiefen Perm herrscht auf der Südhalbkugel ein wechselndes Klima mit Warmzeiten und Eiszeiten. Dagegen wird es auf der Nordhalbkugel zunehmend trockener und heißer. In der Trias ist davon auch die Südhalbkugel erfaßt [11].

Das hier entworfene Bild ist sehr komplex. Bezüge lassen sich nur schwer entwirren und nicht auf eine bestimmte Ursache zurückführen. Offenbar sind Haupt- und Nebenursachen, Primär- und Sekundär-Prozesse wirksam. Veränderungen in der Vegetation zum Beispiel müssen sich zwangsläufig auf alle von diesen in der Nahrungskette abhängigen Lebewesen auswirken. Trifft das auch die Insekten, kann das wieder eine Rückwirkung auf die Pflanzen haben, soweit diese vom Dienst der Insekten abhängen. Ein Beispiel ist die Bestäubung der Blüten durch Insekten, wie sie für die Pflanzen der Erdneuzeit wichtig wird. So kann leicht eine ganze Lebensgemeinschaft in den Umbruch hineingezogen werden. Erst mit besser angepaßten Neuentwicklungen wird sich wieder ein Gleichgewicht im Lebensraum einstellen.

In der Lebensgeschichte läßt sich einiges so sehen. Das *Vordringen der Nadelhölzer* am Ende des Erdaltertums fällt, wie oben erwähnt, zeitlich zusammen mit einem Klimawechsel von den feuchtwarmen Verhältnissen der Steinkohlenzeit zu solchen von mehr trocken-heißer Natur [137]. Möglicherweise ist das eine Ursache oder Mitursache dafür, daß der Steinkohlenwald von Nadelhölzern verdrängt wird. Die Nadelhölzer mit ihrem sparsameren Wasserhaushalt und ihrer höher entwickelten Biochemie waren den neuen Verhältnissen offenbar besser gewachsen. Dazu gehört u. a. die Produktion von Tanninen, die in Borke, Blättern und Kernholz der Nadelhölzer abgelagert werden und zusammen mit anderen Phenol-Verbindungen gegen Schädlinge schützen, wie sie in Trockenperioden besonders gefährlich werden können. Den Bärlappbäumen der Karbonzeit hat allem Anschein nach ein entsprechendes Schutzmittel gefehlt. Sie wurden vielleicht deshalb vom klimatischen Umbruch besonders mitgenommen. Farne dagegen haben eine eigene Schutzmittel-Synthese und zwar auf der Basis von Pro-Anthocyaniden entwickelt (Abb. 51). Vielleicht ist das einer der Gründe, warum diese besser überdauern konnten [168]. Zugleich mit diesem Florenwechsel ist es zur Ausbildung neuer Insektenstämme gekommen, die ihr Verhältnis zu den Pflanzen enger gestalten [71, 81, 167]. Unter ihnen sind mehrere *Parasiten,* zum Beispiel Schnabelkerfen (Hemipteren), die mit ihren saugenden Mundwerkzeugen auf Pflanzensäfte spezialisiert sind. In ähnlicher Weise ist später in der Mittelkreide dem Erscheinen der bedecktsamigen Blütenpflanzen eine enorme Entwicklung der Insekten nachgefolgt. Unter diesen sind viele, die in ihrer Nahrung auf Sekrete der Pflanzen angewiesen sind.

Auch in anderen Evolutionsereignissen zeichnet sich ein biochemischer Hintergrund ab. Ein Anzeiger dafür sind die Biominerale [105, 108]. Am Ende des Erdaltertums steht das Calcit-Skelett gleich mehrfach auf

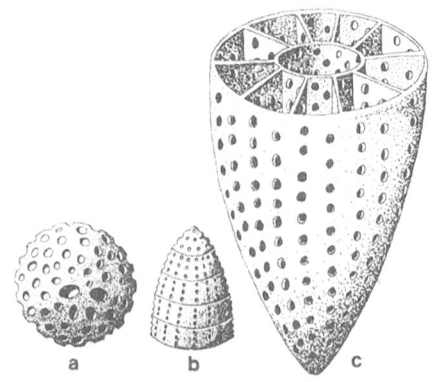

Abb. 61. (a, b) Kieselskelette von Radiolarien (Größe ca. 0,2 mm), *(c)* Kalkskelett eines Urbechers (Archaeocyathus) (Größe ca. 20 cm). Nach Horrowitz & Potter (1971)

der Aussterbe-Liste. So sind die Runzelkorallen, die gegen Ende des Perms verschwinden, Calcit-Produzenten. Ihre Nachfolger haben sich auf Aragonit umgestellt. Auch eine andere Gruppe mit Calcitskelett, die Stachelhäuter, werden Ende des Perms hart betroffen, unter ihnen besonders die festsitzenden Formen. Ähnliches gilt für die Armfüßer und die Schalenkrebse (Ostrakoden) mit ihren Calcit-Schalen. Auch das ozeanische Plankton mit Calcit-Skelett wird damals dezimiert, später in der Krise an der Kreide/Tertiär-Grenze übrigens nochmals.

Bei den Weichtieren (Mollusken) liegen die Verhältnisse komplizierter. Muscheln und Schnecken haben eine vielseitige Mineralchemie, ihre Schalen enthalten je nach der systematischen Zugehörigkeit entweder Calcit oder Aragonit oder beides in Kombination. Alle diese Vertreter haben die Krisenzeit der Perm/Trias-Grenze einigermaßen gut überlebt. Anders sieht es bei den Kopffüßern (Cephalopoden) aus (Abb. 62): *Die Ammoniten* der Permzeit sterben am Ende des Erdaltertums fast völlig aus. Diese hatten dem überlieferten Befund zufolge aragonitische Schalen. Bei ihren Vorläufern des frühen Erdaltertums finden sich zum Teil auch solche aus Calcit, nicht aber aus Aragonit und Calcit in Kombination. Interessant ist in diesem Zusammenhang das Massensterben, das die Kopffüßer am Ende der Oberkreide betroffen hat. Fast alle Vertreter mit ausgeprägtem Mineralskelett verschwinden, Formen mit stark reduziertem Skelett treten an ihre Stelle.

Auch von der *Biochemie der letzten Dinosaurier* ist Merkwürdiges zu berichten. So hat man an fossil überlieferten Eiern auffällige Mißbildungen festgestellt. Bei einigen ist die Schale zu dünn, also unvollkommen mineralisiert. Andere Eier haben eine Doppel- oder Vielfachschale. Auch sind Strontium-Gehalt und Isotopenverhältnisse des Sauerstoffs in den Schalen nicht normal. Solche Fehlentwicklungen lassen auf hormonale Störungen schließen [45, 47]. An den wenigen aus der Kreidezeit überlieferten Eiern der Vögel sind solche pathologischen Erscheinungen nicht festzustellen. Dieser Tierstamm scheint von der Aussterbekrise ziemlich unberührt zu bleiben. Anders als die Saurier stehen die Vögel vom Ende des Juras ab bis heute in fast ungebrochener vitaler Entfaltung.

Was steht ursächlich hinter den geschilderten Vorgängen? Es ist klar, daß alle Änderungen in der Biochemie, wie auch der Morphologie und Anatomie eines Organismus letzten Endes aus Mutationen, d. h. Strukturveränderungen im genetischen Apparat resultieren. Manche Mutationen mögen neutral sein, andere letal, während einige wenige dem Lebewesen vielleicht einen entscheidenden biochemischen Vorteil verschaffen. Ein solcher mag ihm helfen, sich neuen Umweltbedingungen besser anzupassen, gegenüber den Konkurrenten einen kleinen Vorsprung zu gewinnen, Schädlingen besser zu widerstehen, Fremdsubstanzen zu entgiften, andere

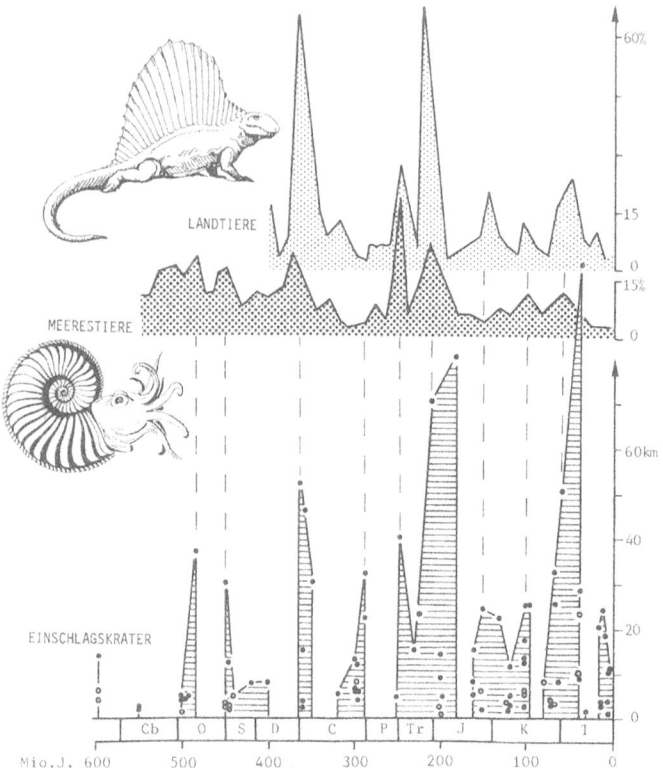

Abb. 62. Zusammenhang zwischen Meteoriteneinschlägen und Faunenumbrüchen in den letzten 600 Millionen Jahren *(Abszisse)*. Zeiten schwerer Meteoriteneinschläge fallen offenbar mit den Faunenumbrüchen zusammen.

Im Säulendiagramm „Krater" sind die überlieferten meteoritischen Einschlagskrater nach Alter *(Abszisse)* und Kraterdurchmesser *(Ordinate)* eingetragen. *Kreise:* Krater sind nur mit ihrer Form überliefert. *Punkte:* Einschläge sind mit ihrer Kraterform und ihrer Wirkung auf die Untergrundgesteine überliefert.

Die Kurven „Meerestiere", „Landtiere" zeigen die jeweiligen Veränderungen im Faunenbestand, d. h. die Anzahl der Tierfamilien in jedem Zeitabschnitt, die jeweils aussterben und neu erscheinen (bezogen auf den jeweiligen vorhandenen Bestand = 100%).

Original, zusammengestellt nach Angaben von Grieve & Robertson, 1979, Flessa & Imbrie, 1972 [137]. *Symbole: Dimetrodon* ein Reptil aus dem Perm (nach Peyer), Ammonit (nach Blind)

Organismen zum Austausch von genetischem Material oder von Stoffwechselprodukten heranzuziehen oder die Verbreitung der Vermehrungskörper zu fördern. Verständlicherweise breiten sich solche neuen Mutanten bevorzugt in Zeiten tiefgreifender Umweltveränderungen aus, wenn die Biosphäre belastet und gestört erscheint und der Artenbestand in den Biotopen durch Aussterbevorgänge dezimiert worden ist.

Unerklärt bleibt damit aber, warum die Krisenzeiten der Lebensgeschichte in *periodischem Rhythmus* wiederkehren (Abb. 62). Offenbar wird die Lebewelt von Mutationen zeitweilig stärker, zeitweilig schwächer betroffen. Also müßten in der Erdgeschichte Zeiten höherer und niederer Mutationsbelastung einander abgelöst haben, und das in regelmäßigem Wechsel. Damit stellt sich die Frage, welche Ursachen hinter den Mutationen stehen könnten. Es ist bekannt, daß energiereiche UV-Strahlung oder kosmische Strahlung Mutationen erzeugen kann. Wieweit solche als mögliche Ursachen der evolutionären Umbrüche infrage kommen, darüber ist viel diskutiert worden. Grundsätzlich ist nicht auszuschließen, daß in der Erdgeschichte Perioden stärkerer und schwächerer Strahlungsintensität gewechselt haben. Insgesamt paßt dieser Bezug aber schlecht mit den überlieferten Fakten der Evolution zusammen. Wenn Strahlungseinwirkung hier ein Hauptfaktor gewesen wäre, dann müßten Landtiere stärker als die Wassertiere betroffen worden sein. Denn Wasser ist ein guter Schirm für viele Strahlen. Tatsächlich sind aber die Meeresorganismen von Umbrüchen vielfach stärker betroffen als die Landtiere. Folglich müssen Einflüsse anderer Art eine Rolle gespielt haben. Daß in kosmischem Staub solche mutagenen Partikel enthalten sind, erscheint möglich, ist aber bisher nicht beweisbar (vgl. Abb. 62, S. 108, 76–78, S. 134 ff.).

Lagerstättenchemie als Lebensurkunde

Es gilt heute als gesicherte Erkenntnis, daß die Masse der sedimentären Lagerstätten, wie sie als Ablagerung im Meer oder Süßwasser entstanden sind, aus der biologischen Produktion von Mikroben stammt [78, 182, 197]. Häufig setzt sich ein Gesteinsvorkommen überwiegend aus Biomineralen zusammen. Eisenbakterien zum Beispiel bauen eisenhaltige Mineralsubstanzen in ihre Zellwand ein. Daraus können riesige Lagerstätten entstehen (Abb. 64). Von Blaubakterien sind Vertreter bekannt, die Kalknadeln in dicken Schichten ausscheiden. Hieraus können sich Carbonat-Lager formieren.

Andere Lagerstätten bilden sich aus Reaktionsprodukten von Gasen oder Stoffen, wie sie vom Organismus ausgeschieden werden und mit Metallionen der Umgebung in Verbindung treten. Photosynthetische Organismen entziehen bei ihrer Tätigkeit dem Wasser CO_2 und fällen so Carbonate aus. Biominerale sind in Lagerstätten aber weit mehr verbreitet als solche Reaktionsprodukte [197].

Von etwa 26 Metallen ist erwiesen, daß sie in der lebenden Zelle eine Funktion haben können. Andere, wie Cadmium, Quecksilber und Blei sind für fast alle Organismen giftig, und das sogar schon bei geringen Konzentrationen (Abb. 63). In höheren Dosen können auch viele andere Metalle toxisch sein [16].

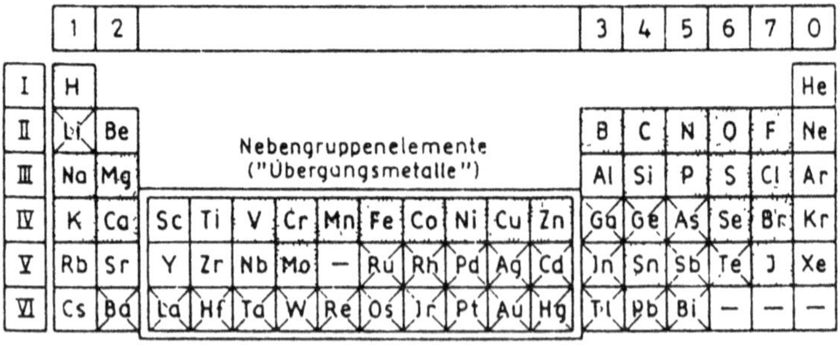

Abb. 63. Periodensystem des Lebens. Die Elemente von biologischer Bedeutung sind *schattiert* dargestellt. *Diagonal durchkreuzt* sind Elemente, die bereits in kleinen Mengen giftig wirken. Nach Reinbothe & Krauss (1982)

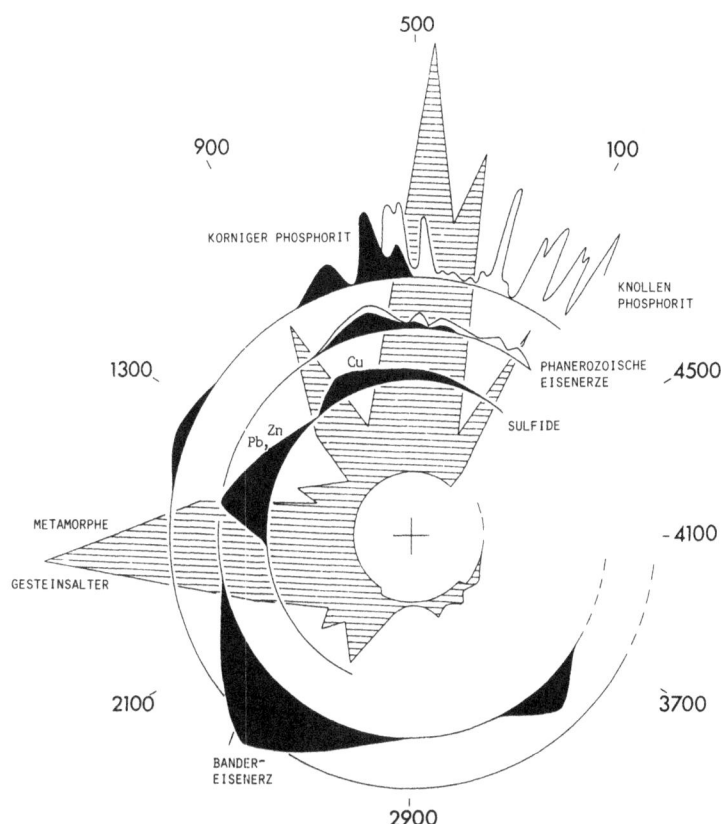

Abb. 64. Geologische Uhr entsprechend Abb. 3, S. 4. Eingezeichnet sind wichtige biogene Lagerstätten in ihrer zeitlichen Verbreitung: Oxidische Eisenerze, Pb-, Zn-, Cu-Sulfide, Phosphorite. Quellen: Dearnley (1969), Jacobsen (1975), Cook & Elhinny (1979), Folinsbee (1975, 1982), James & Trendall (1982)

Nicht von jedem Element ist genau bekannt, welche Bedeutung es für den Stoffhaushalt der Lebewesen hat. Zum Beispiel hat man bislang geglaubt, daß Nickel in der Biologie nur eine Nebenrolle spielt. Neuerdings weiß man, daß Methan-Bakterien, eine verbreitete Gruppe anaerob lebender Mikroben, Nickelproteine aufbauen, die als Enzyme an der Bildung von Methan aus H_2 und CO_2 oder Essigsäure beteiligt sind [175]. Sie haben hier also bei der Gewinnung von Lebensenergie eine zentrale Bedeutung. Auch höhere Lebewesen benötigen gewisse Mengen Nickel. Man weiß aber noch nicht genau, wofür das Metall im Körper gebraucht wird.

Die nützlichen Elemente in optimaler Konzentration zu halten und die nutzlosen oder schädlichen aus der Zelle zu entfernen, ist eine wichtige

Funktion des Zellstoffwechsels. Unerwünschte Metalle werden, wenn sie in die Zelle eingedrungen sind, an spezifische Proteine gebunden und so unschädlich gemacht. Andere werden bereits in der äußeren Schleimhülle abgefangen und dort in ein Netzwerk organischer Makromoleküle eingebaut. Hier können aber auch nützliche Metalle auf Vorrat gespeichert werden. Organisches Wandmaterial und Schleime werden so zur wichtigen Ausgangssubstanz der sedimentären Lagerstätten. Bei den echten Bakterien bestehen die äußeren Wandhüllen aus dem Polymer Peptidoglycan (Murein), das hier in Mischung mit anderen Polysacchariden, Proteinen und weiteren Stoffen feine Netzwerke aufbaut. Peptidoglycan ist ein Polysaccharid, das mit kurzen Peptiden zu einem Komplex substituiert ist. Urbakterien (Archaeobakteria) produzieren etwas andersartige Polymere, sog. Pseudomureine, dazu auch Heteropolysaccharide [86].

Lebende Zellen kontrollieren ihr Innenmilieu auf verschiedene Weise. Alle sind von einer Zellmembran umgeben, die mehr oder weniger durchlässig für kleine Moleküle ist, viel weniger aber für freie Ionen. Die Membran enthält spezifische Pumpmechanismen, die mithilfe von Stoffwechselenergie bestimmte Moleküle oder Ionen in die Zelle hinein- oder herausbefördern können. Eine besondere Fähigkeit der lebenden Zelle besteht darin, Ionen aus einer Lösung gegen das Konzentrationsgefälle aufzunehmen. Fast alle Elemente des Meerwassers (außer Chlor und Natrium) werden in der Zelle mehr oder weniger angereichert. Unter den Anionen sind das besonders die Nitrate, Phosphate und Silicium-Verbindungen. Mehrwertige Ionen werden stärker konzentriert als einwertige. Merkwürdigerweise werden zuweilen auch nutzlose oder schädliche Ionen (Ba, Ti, Zr) stärker angereichert als die lebensnotwendigen (wie Ca, Mg, S). Das Konzentrationsvermögen ist manchmal enorm. Im Phytoplankton der Meere z. B. können Fe, Ag, Cu, Ni, Cd um das mehr-hundertfache bis mehr-tausendfache angereichert sein, Silicium sogar um das

Tabelle 10. Konzentration der Elemente im Zooplankton. (Nach Martin, Limnol. Oceanogr. 15, 756 (1970)

Element	Zooplankton[a]	Meerwasser[a]	Konzentrationsfaktor
Pb	5,9	0,00003	197 000
Fe	144,0	0,01	14 400
Cd	0,6	0,0001	6 000
Ca	4 200,0	400,0	10,5
Sr	40,8	8,0	5,1
Mg	1 800,0	1 350,0	1,3

[a] µg/g Frischgewicht

23 000fache. [16]. Das Zooplankton kann ähnlich hohe Konzentrationen erzeugen (Tab. 10).

Die Zellmembran der Bakterien, wie auch der anderen Lebewesen stellt im Prinzip eine etwa 7 nm starke Doppelschicht aus Lipid-Molekülen dar, deren polare Gruppen nach außen gerichtet sind (Abb. 65). Durch diese scheiden die Mikroben-Zellen ständig Protonen (positiv geladene Wasserstoff-Ionen) aus, säuern damit ihre Umgebung an und halten so das Zellplasma alkalisch und negativ geladen. Beteiligt am Stofftransport sind Ionophoren, neutrale Moleküle, die jeweils bestimmte Ionen einhüllen und chelieren können. So können diese die Lipid-Membran passieren. Bei den Ionenträgern handelt es sich u. a. um makrocyclische Peptide, d. h. solche mit Großring-Strukturen, in die sich das Transportgut gut einfalten und so befördern läßt.

Wie wir heute wissen, spielen diese biologischen Vorgänge eine wichtige Rolle bei der Entstehung der sedimentären Erzlager. Umgekehrt läßt sich aus den Erzen manche Information über die zeitgenössische Lebewelt gewinnen. Wichtig ist dies vor allem für die Urzeit der Erde (Präkambrium), wo Fossilfunde spärlich sind. Bestimmte *Erzlager sind hier Indikation für die Existenz von Leben*. Dazu gehört das Mineral Magnetit (Fe_3O_4), ein verbreitetes Erz, das gewöhnlich nur in der Tiefe der Erdkruste unter erhöhten Temperaturen und Drücken entsteht. Merkwürdigerweise kommt es aber auch verbreitet in Ablagerungen der Meere und Binnengewässer vor, obwohl es sich in solch kühlem Milieu nicht bilden kann, jedenfalls nicht aus anorganisch-chemischen Reaktionen. Aber viele Organismen, von Bakterien bis zu den Wirbeltieren, können *Magnetit* unter normal atmosphärischen Bedingungen als Biomineral produzieren. Folglich dürften die meisten sedimentären Vorkommen biologischen Ursprungs sein. Ein ähnliches Beispiel ist das Mineral *Flußspat* (Fluorit, CaF_2). Es wird normal in Verbindung mit Glutflußgesteinen gebildet, kann aber auch von

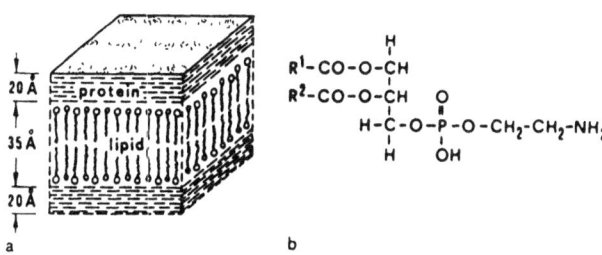

Abb. 65. (a) Aufbau einer Zellmembran aus Doppellagen von Proteinen und Phospholipiden, (b) Strukturbeispiel eines Phospholipids (α-Cephalin), R1 und R2 sind Kohlenwasserstoffverbindungen. Nach Tissot & Welte (1978)

Organismen produziert werden. Vermutlich haben Bakterien die als Fluorit-Stromatolithe bekannten Lagerstätten aufgebaut, wie sie sich im Präkambrium, z. B. in der ca. 2300 Millionen Jahre alten Transvaal-Formation von Südafrika finden. Heute werden große Mengen Fluorit von den Kleinkrebsen des Meeresplanktons gespeichert, in deren Körper sie als Gleichgewichtssteine eingelagert sind.

Allein zehn verschiedene Gruppen Lebewesen sind bekannt, die *Opal* ($SiO_2 \cdot nH_2O$) in ihrem Körper anreichern. Die wichtigsten davon sind Kieselalgen (Diatomeen) (Abb. 32, S. 57), Kieselflagelaten (Silicoflagellaten) und Strahlentierchen (Radiolarien) (Abb. 61 a, b). Im Präkambrium hat es offenbar auch viele kieselsäure-speichernde Vertreter unter den Cyanobakterien gegeben. *Hornstein* ist ein dort verbreitetes Kieselgestein, das sich mindestens teilweise von Organismen ableitet [106, 107, 108].

Gesteinsbildende Mikrobengemeinschaften sind im Süßwasser und Meer verbreitet, wo sie sich im Schlamm ausbreiten oder diesen in Krusten und Matten überziehen. In dem Maße wie sie ihre Mineralprodukte nach unten abscheiden, wachsen die Kolonien in die Höhe. Charakteristisch für die Ablagerung ist oft ein fein-lamellarer Aufbau, vergleichbar einem Paket übereinandergestapelter Teppiche, was den Bildungen den Namen *Stromatolithe* („Teppichsteine") eingetragen hat. In ihrem lagigen Gefüge spiegelt sich der rhythmische Wachstumsmodus der Organismen-Kolonien wider. Dieser versteht sich als Reaktion auf wechselnde Umweltbedingungen: Temperatur, Durchfeuchtungsgrad, Stoffzufuhr, pH-Wert oder Redoxpotential des umgebenden Mediums. An der Produktion der Stromatolithen können zahlreiche Mikroben beteiligt sein. Ihr Hauptproduzent sind aber gewöhnlich die Blaubakterien (Cyanobakterien), die als Photosynthetiker große Mengen Biomasse erzeugen (Abb. 66, 67 b). Sie scheiden dabei viel Kalk und andere biomineralische Produkte aus und können im Effekt ausgedehnte Riffkörper aufbauen. Stromatolithe des Präkambrium sind besonders in den küstennahen Bereichen des Meeres verbreitet [60, 61].

Riffbildung hat hier unter anderem den Effekt, daß zwischen Strand und Riff eine *Lagune* entsteht, in der sich ein sauerstoff-armes Stillwasser-Milieu einstellt. Ein solches ist für die Anhäufung von organischem Material und von Metallen günstig. Viele der großen schichtförmig gelagerten Erzkörper sind dort gebildet worden. In einem solchen Milieu können Mikroorganismen existieren, die Metalle in oder außerhalb ihrer Zelle anhäufen. Mit den abgestorbenen Zellkörpern gelangen die Metalle auf den Meeresboden. Bis zu 4% der im Lebensraum erzeugten Biomasse findet sich so im Sedimentschlamm wieder. Das sind im Effekt beträchtliche Mengen. Bei nachfolgenden chemischen Reaktionen kommt es oft zu Mobilisierung, Transport und Wiederausfällung der Metalle. Im Ergebnis

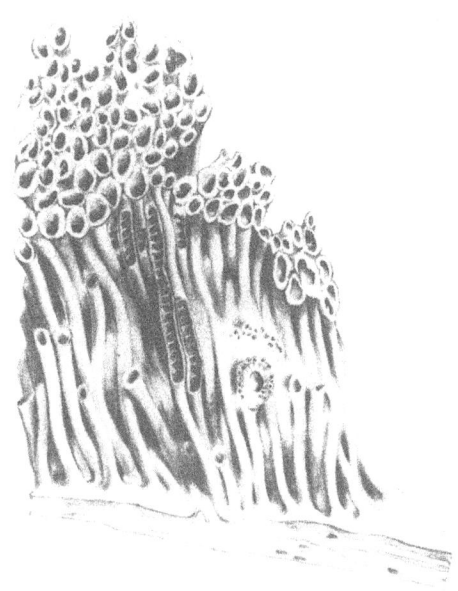

Abb. 66. Stromatolithen-Kolonie *Camasia* aus den Nama-Schichten von Südwest-Afrika (ca. 630 Millionen Jahre). Höhe der Röhrchen ca. 3 cm. Zur Rekonstruktion der Lebewesen vergleiche Fig. 67 b

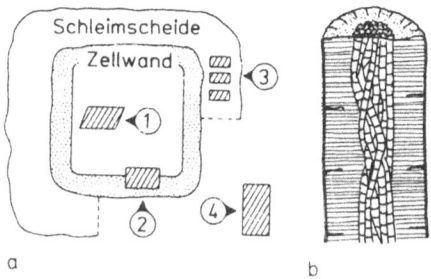

Abb. 67. (a) Mögliche Ablagerungen von Calciumkarbonat im Algenkörper. *(1)* In der Zelle, *(2)* in der Zellwand, *(3)* in der Zellscheide, *(4)* außerhalb der Scheide. *(b)* Fädige Blaubakterien in röhrenförmiger Kalkhülle, längs geschnitten. *(a, b)* Verändert nach Wray (1977)

entstehen vielfältige Chelate, d. h. metall-organische Komplex-Verbindungen. Zwischen den Gehalten an organischem Kohlenstoff und Metallkonzentrationen im Sediment besteht häufig ein quantitativer Zusammenhang.

Natürlich muß, damit es in der Lagune zu Erzkonzentraten kommt, von irgendwoher Metall zugeführt werden. Es wird entweder mit Verwitterungslösungen vom Festland eingebracht oder stammt aus untermeerischen Vulkanen oder kommt mit aufsteigenden Strömen aus der Tiefe des Ozeans. Normalerweise werden die Metall-Ionen in starker Verdünnung ins Becken eingespült. Daß diese örtlich angereichert werden, ist der Tätigkeit der Organismen zu verdanken. Sie sind hier als Sammler wirksam und zwar entweder direkt, indem sie die Metalle in ihren Stoffwechsel einbinden oder indirekt, indem sie als Reaktionskeime die Ausfällung fördern. Bezeichnenderweise befinden sich die sedimentären Erzlager des Präkambriums häufig in unmittelbarer Nachbarschaft der Stromatolithe. Die meisten Lager sind in der Zeit zwischen 2600 und 600 Millionen Jahren entstanden (Abb. 64, S. 111). Das ist auch die Zeit, in der die Stromatolithe ihre größte Verbreitung hatten. Jüngere Lagerstätten sind häufig mit den Kalkriffen der Algen und Korallen vergesellschaftet, welche die Blaubakterien nach dem Präkambrium aus ihrem angestammten Lebensraum verdrängt haben.

Die Geschichte der Erzlager wird aber nicht nur von der biologischen Evolution geschrieben, sie hängt auch mit Entwicklungen in der Tiefe der Erdkruste zusammen, von woher ja das meiste Metall stammt. Große Mengen werden von dort in Perioden mit hoher Krustenaktivität und lebhaftem Magmatismus zutage gefördert. Dementsprechend entstehen zu solchen Zeiten auch besonders viele und reiche Erzlager. Ein Beispiel dafür sind die sedimentären Vorkommen von oxidischem Eisenerz im Präkambrium. Diese sind in auffälliger Weise an die Hauptperioden der Gebirgsbildung geknüpft, Zeiten während derer besonders viel Eisen an die Erdoberfläche gebracht wurde.

Oxidische Eisenerze *Hämatit* (Fe_2O_3) und *Magnetit* (Fe_3O_4) kommen schon in den ältesten bekannten Sedimenten vor (Abb. 64). Danach muß es *Eisenbakterien* schon vor 3800 Millionen Jahren, vermutlich sogar schon früher gegeben haben (vgl. Abb. 72, S. 129). Die Erzvorkommen verteilen sich auf vier Bildungsperioden, davon gehören drei ins Präkambrium. Diese haben ihre Schwerpunkte um 3400, 2500 und 600 Millionen Jahre. Alle drei enthalten sog. *Bändereisenerze*, die ein den Stromatolithen ähnlichen feinlagigen Aufbau haben [49, 50, 83]. Aber jedes der drei Vorkommen trägt nach Stoffbestand und Ausbildung spezifische Züge und vertritt damit einen besonderen Typ. Diese Veränderungen sind vermutlich von den produzierenden Lebensgemeinschaften und ihrer Evolution mitgeprägt. Es gibt verschiedene Vertreter unter den Eisenerz-Produzenten [33]. Wichtig sind vor allem solche Eisenbakterien, die das Eisen mithilfe von Enzymen oxidieren und daraus Energie beziehen. Andere fällen im Wasser gelöstes Eisen aus, weil sie das Redox-Potential oder den pH-Wert des Milieus erhöhen, z. B. durch Ausscheidung von Ammoniak oder von chelierenden Verbindungen [25]. Lager aus oxidischen Mangan-Erzen finden sich erstaunlich spät in der Erdgeschichte. Sie treten im hohen Präkambrium und dann nach einer Pause erst wieder verbreitet in der Erdneuzeit auf, hier unter anderem mit den Erzknollen der Tiefsee. In deren zeitlichen Verbreitung spiegelt sich offenbar die Entwicklung bestimmter Lebensgemeinschaften wider. Darunter sind Einzeller aus der Gruppe der

Foraminiferen, die mit Bakterien ein eigenartiges biologisches System bilden. Nur verstreut kommen Manganerz-Lager auch schon im tieferen Präkambrium vor. *Mangan-Stromatolithen* in Botswana haben ein Alter von 2300 Millionen Jahren. Hier finden sich z. T. auch Knollenformen, wie sie an die der heutigen Tiefsee erinnern. Charakteristisch ist ihre innere stromatolithische Lagenstruktur. Die Knollen haben sich offenbar aus rhythmischem Wachstum von Fadenbakterien entwickelt, die Mangan- und Eisenminerale in ihren Zellscheiden speichern können [78, 182, 197]. Die Fähigkeit Mangan zu oxidieren, ist unter Bakterien, Algen und Pilzen weitverbreitet. Fädige und gestielte Bakterien in mannigfaltigen Formen sind aus Eisen-Mangan-Knollen der Süßwassererze bekannt. Selbst in solchen Seen, in denen das Wasser Metalle nur in Spuren enthält, können diese Bakterien ausgedehnte Erzkörper mit Gehalten bis zu 50% Mn und 25% Fe aufbauen [44].

Auch in anderen sedimentären Erzlagern, z. B. denen der Blei-Zink- und Kupfersulfide spiegelt sich die biologische Evolution wider. Die Sulfiderz-Vorkommen des frühen Präkambrium sind fast alle magmatischen Ursprungs, also keine sedimentären Bildungen. Letztere erscheinen erst relativ spät, etwa von der Zeitmarke 1700 Millionen Jahre ab (Abb. 64). Offenbar haben sich schwefel-reduzierende Bakterienstämme, die solche Metalle konzentrieren können, erst zu dieser Zeit ausgebreitet. Die Haupt-Bildungszeit der Kupfersulfide liegt in der Spanne zwischen 1200 und 700 Millionen Jahren, die der Blei-Zink-Sulfide zwischen 1000 und 500 Millionen Jahren [49, 50]. Letztere werden dann nochmals am Ende des Erdaltertums und im Erdmittelalter häufig und sind auch dort noch gelegentlich an Stromatolithe gebunden.

Interessant ist die Geschichte der am *Schwefel-Kreislauf* beteiligten Organismen. Sulfat-Bakterien und andere Schwefel-Oxidierer scheint es schon sehr früh gegeben zu haben. Jedenfalls kennt man Sulfat-Stromatolithe aus der Zeit vor über 3500 Millionen Jahren. Schwefel-Reduzierer dagegen dürften erst später, etwa um 3000 Millionen Jahre entstanden sein und sind noch später erst bedeutend geworden. Der Indizienbeweis dafür kommt aus der Isotopenchemie. Bereits die ältesten Sedimente enthalten sulfidische Erze wie z. B. Pyrit (FeS_2). Aber erst in den Erzen, die jünger sind als 3000 Millionen Jahre, hat das Isotopen-Verhältnis des Schwefels einen biologischen Charakter angenommen [4, 157, 177]. Wenn nämlich Schwefel den Stoffwechsel eines schwefel-reduzierenden Organismus passiert, wird seine isotopische Zusammensetzung verändert. Diese Verschiebung bleibt normalerweise auch im Sediment erhalten. In der Mehrzahl der sedimentären Lager aus sulfidischem Erz, soweit sie jünger als 3000 Millionen Jahre sind, findet sich diese biologisch geprägte Anomalie. Heute kann man beobachten, wie der Effekt u. a. von bestimmten Bakterien, wie *Desulfovibrio* ausgelöst wird. Solche sind strikt anaerob. Sie gewinnen Lebensenergie, indem sie organische Substanz mithilfe des Sauerstoffs oxidieren, den sie aus der Reduktion der Sulfate beziehen. Im Zusammenhang mit diesem Prozeß bilden sich die Metallsulfide. Welchen Umfang die Aktivität örtlich annimmt, hängt von der verfügbaren Menge an organischem Rohstoff ab. Das mag mit ein Grund dafür sein, daß Sulfiderz-Lager oft mit Stromatolithen, also mit Gemeinschaften von Photosynthetikern verbunden sind, die viel Biomasse produzieren.

Die Sulfat-Stromatolithe dagegen sind offenbar mehr an strandnahe, gut durchlüftete und sauerstoff-reiche Bereiche gebunden, die nicht immer vom Meer überflutet sind, sondern gelegentlich trockenfallen oder von Flüssen überspült werden. Diese bringen die metallhaltigen Lösungen vom Kontinent mit.

Ein anderes Beispiel für Biomineral-Lagerstätten betrifft den *Phosphorit,* ein Calciumphosphat-Gestein (Abb. 64). Hier folgen in der Erdgeschichte zwei Lagerstätten-Generationen aufeinander. Die ältere von beiden, wie sie besonders in der Zeit zwischen 1300 und 650 Millionen Jahren verbreitet ist, setzt sich aus feinkörnigem Stromatolithen-Phosphorit zusammen. Dagegen führt die nachfolgende jüngere Generation den groben Knollen-Phosphorit. Dieser wird erst nach der Zeitmarke 600 Millionen Jahre häufiger. Sein Erscheinen fällt zeitlich mit einem anderen Ereignis zusammen, nämlich dem Aufkommen der ersten Phosphat-Generation unter den höheren Tieren [152]. Dieses Zusammentreffen ist sicherlich kein Zufall. Offensichtlich sind Tiere an der Produktion des Knollenphosphorits indirekt beteiligt, aber die näheren Umstände sind noch ungeklärt. Zum Ausgang des Präkambrium mag sich der Phosphor-Kreislauf des Meeres in einigen wesentlichen Zügen gewandelt haben. Im Resultat erscheinen die Ausfällungsprodukte in anderer Form. In die Vorgänge scheint auch das Phytoplankton verwickelt zu sein, das damals seine erste Blütezeit durchlief. Die großen Phosphorit-Lager bilden sich heute besonders häufig in Regionen, wo kalte Ströme ozeanischen Wassers aus der Tiefe aufsteigen, wie sie viel Phosphor (bis 0,3 ppm PO_4^{3-}) enthalten können. Die Ströme treffen mit dem warmen Oberflächenwasser zusammen, das meist an Phosphor untersättigt ist. An diesen Stellen entwickelt sich das Plankton in Mengen und konzentriert den Phosphor in seinem Körper. Nach Ablagerung der Zellkörper reichert sich der Phosphor wieder in den Sedimenten an.

Eine eigenartige Bildung ist die *Gold- und Uranerz-Lagerstätte* des Witwatersrandes in Transvaal (Südafrika), die ein Alter von etwa 2500 Millionen Jahre hat [40]. Die Erze haben sich im Deltabereich eines urzeitlichen Stromes abgelagert, dessen Schlamm mit einer Vegetation aus Flechten, blaugrünen Bakterien und anderen Mikroben besiedelt war

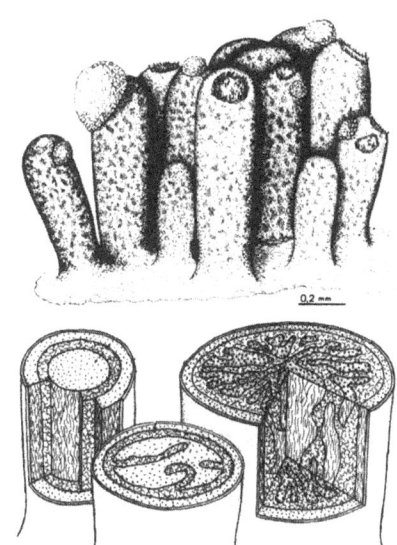

Abb. 68. Rekonstruktion der flechtenartigen Pflanze *Tucholithes* aus den Witwatersrand-Schichten von Südafrika (ca. 2500 Millionen Jahre). *Oben:* Kolonie; *unten:* Körperschnitte. Nach Hallbauer (1975)

(Abb. 68). Diese haben allem Anschein nach das Gold, wie es mit dem Wasser in kolloidalem oder gelöstem Zustand angeliefert worden ist, ausgefällt. Ursprünglich stammt das Metall von Erzgängen des Festlandes, die nachfolgend durch Gesteinsverwitterung abgetragen wurden. Bei solchen Verwitterungsvorgängen bringen Cyan-produzierende Pilze und Bakterien, wie sie zur örtlichen Bodenflora gehören, das Gold in Lösung und nehmen es teilweise in ihren Zellen auf. Interessanterweise ist dieser Vorgang nur im aeroben Milieu möglich. Der anschließende Transport des Goldes erfolgt in gelöster oder kolloidaler Form, vermutlich auch im Verbund mit stabilisierenden Huminsäuren. Solange die Verhältnisse oxidierend sind, bleibt das Gold relativ mobil. Die Ausfällung erfolgt erst unter reduzierenden Verhältnissen. In der Lagerstätte ist das Metall mit Pyrit (FeS_2) und viel organischer Substanz (Kerogen) vergesellschaftet. Ein charakteristisches Begleitmineral ist der *Thucholith*, der u.a. Thorium, Uran und Kerogen enthält. Man muß annehmen, daß dieser wie auch das Gold über die bodenständige Wasserflora ausgefällt und angereichert worden ist. Stellenweise hat das Lager den Charakter eines Faulschlammgesteines.

Bei der Bildung von Erzen spielen häufig solche biologische Produkte eine Rolle, die eine chelierende Wirkung haben, d.h. die dazu neigen, metallorganische Komplexverbindungen einzugehen. Dazu gehören Verbindungen wie das *Chitin*. Riesige Mengen Chitin, schätzungsweise einige hundert Millionen Tonnen gehen jährlich dem Meeresboden zu, und zwar mit den Häutungsresten planktonischer Kleinkrebse, besonders solcher aus der Gruppe der Ruderfüßler (Copepoden). Es sind dies die meistverbreiteten vielzelligen Lebewesen der Ozeane. Wenn die Chitinhäute sedimentieren, nehmen sie aus dem Wasser Metalle auf, vor allem Cu, Fe, Mn, Ni, Pb, Sr, Zn. Chitin ist auch bei Pilzen, einem sehr alten Stamm der Lebewesen, der wichtige Baustein der Zellwand. Also könnte Chitin schon bei der Bildung präkambrischer Lagerstätten eine Rolle gespielt haben (vgl. Abb. 70).

Dem Chitin in der Grundstruktur verwandte Polymere sind die *Alginate* (Abb. 6, S. 13). Auch sie verbinden sich leicht mit Metallen. Weiterhin können Derivate der Aminosäuren chelierend wirken, wie auch Abkömmlinge der Fettsäuren, z.B. Kutin, der Baustoff der Pflanzenkutikula [123].

Sauerstoff, ein Motor der Evolution

Alle heutigen vielzelligen Groß-Organismen haben einen oxidativen Stoffwechsel, nur einige ganz wenige Vertreter kommen mit relativ kleinen Mengen Sauerstoff aus. Man hat daraus geschlossen, daß vielzellige Tiere und Pflanzen sich erst haben bilden können, nachdem die irdische Atmosphäre entsprechend mit Sauerstoff angereichert war [180]. Zum Beispiel ist die Biosynthese von Kollagen und Lignin, zwei Grundbaustoffen der höheren Tiere bzw. Pflanzen, ohne molekularen Sauerstoff nicht möglich. Dasselbe gilt auch für andere biologische Produkte, so für die Gallenfarbstoffe in Wirbeltieren und für das Chlorophyll der Pflanzen, sowie für die Aminosäuren Hydroxyprolin und Tyrosin, die in Proteinen vorkommen. Zellen, die einen Zellkern enthalten, das sind alle außer denen der Bakterien, brauchen für bestimmte Schritte der Zellteilung ebenfalls molekularen Sauerstoff, zumindest in kleinen Mengen.

Interessanterweise gibt es bei höheren Lebewesen Verfahrenswege, die jeweils in ihren ersten Schritten ohne Sauerstoff (anaerob) ablaufen, aber in den letzten Schritten Sauerstoff benötigen. Ein Beispiel ist die Synthese, die zu den Sterolen wie Cholesterol und Steroid-Hormonen führt. Eine andere solche Synthese mündet in die Carotinoide, eine Gruppe verbreiteter Naturfarbstoffe. Ein weiteres Beispiel ist die Synthese der ungesättigten Fettsäuren. Bakterien können sie nur bis zu einer Kettenlänge von 18 Kohlenstoff-Atomen produzieren und brauchen dazu keinen Sauerstoff. Höhere Organismen und in begrenztem Maße auch die Cyanobakterien können längere Ketten herstellen. Hier laufen die ersten Schritte wie bei den Bakterien ohne Sauerstoff ab, die anschließenden Schritte der Kettenverlängerung benötigen aber O_2. Man kann folgern, daß die anaerobe Synthese die ursprünglichere ist und die weiterführenden aeroben Syntheseschritte erst später in der biochemischen Evolution hinzugekommen sind, und zwar zu einem Zeitpunkt, als freier Sauerstoff auf der Erde verfügbar war. Folglich müßten die Vorfahren der höheren Lebewesen *Anaerobier* gewesen sein, und diese Vorfahren müßten zu einer Zeit gelebt haben, als die irdische Atmosphäre noch ohne Sauerstoff war. Vergleichbare anaerobe Bakterien finden sich auch heute noch verbreitet. Ihre Synthesefähigkeiten sind nach wie vor auf anaerobe Verfahren beschränkt.

Die Aerobier unter den Bakterien, hier besonders die Blaubakterien, haben demgegenüber durchweg längere Synthesewege entwickelt. Höhere Organismen, vor allem Gefäßpflanzen und Wirbeltiere besitzen sogar sehr lange, vielfach verzweigte Stoffwechselgänge, in deren Stufen mehrfach hintereinander Sauerstoff gebraucht wird. Auch daraus möchte man folgern, daß Sauerstoff in der Atmosphäre der Erde zunächst fehlte, oder knapp war und sich erst nach und nach im Laufe der Erdgeschichte bis auf das gegenwärtige Niveau angereichert hat [160].

Ähnliche Indizien liefern die *Stickstoff-Bakterien*. Stickstoff ist ein lebensnotwendiges Element, das aber nur in gebundener Form als NH_3, NO_3^- oder ähnlich in der Zelle umsetzbar ist. Nur wenige Bakterien-Typen können den elementaren Stickstoff aus der Luft verwerten und fixieren. Die hierzu notwendigen Enzyme, die Nitrogenasen sind hochempfindlich gegen Luftsauerstoff. Solche Bakterien leben deshalb im Boden oder in einem anderen sauerstoff-armen Milieu. In der heutigen Atmosphäre entsteht viel NO_3^- nicht-biologisch durch Reaktion von freiem Stickstoff mit Sauerstoff. In einer frühen sauerstoff-armen Atmosphäre ist das kaum möglich gewesen.

Geologischen Indizien zufolge mag vor etwa 1800 Millionen Jahren die Atmosphäre in einen stärker oxidierenden Zustand umgeschlagen sein. Erst von dieser Zeit an treten in den kontinentalen Sedimenten mehr und mehr Sande mit roter Färbung des Bindemittels auf, Hinweise auf Oxidationsvorgänge von Eisen-Verbindungen im Kontakt mit freiem Sauerstoff. Andererseits sind aus älterer Zeit, etwa vor 2400–2600 Millionen Jahren Flußgerölle aus Pyrit (FeS_2) und Uraninit (UO_2) überliefert. Solche Gerölle sind nur in einer sauerstoff-armen Atmosphäre beständig (falls keine lokalen Sonderbedingungen vorliegen) [156].

Heutigen Erkenntnissen zufolge dürfte die Atmosphäre der frühen Erde zunächst vorwiegend Kohlendioxid (CO_2) enthalten haben, nicht Methan (CH_4) wie früher oft angenommen wurde. Den Sauerstoff haben erst später die Organismen aus ihrer photosynthetischen Produktion geliefert. Nun gibt es Anzeichen dafür, daß Blaubakterien (Cyanobakterien) schon vor 3800–4000 Millionen Jahren, d.h. zur Zeit der frühesten überlieferten Sedimente existiert und Sauerstoff produziert haben. Wie höhere Pflanzen, können diese ihren für die Photosynthese benötigten molekularen Wasserstoff aus der Spaltung von Wasser gewinnen. Sauerstoff fällt dabei als Abfallprodukt an und entweicht in die Atmosphäre, die so mit diesem Element angereichert wird. Allerdings können die Blaubakterien wahlweise auch die Photosynthese der Schwefelbakterien ausüben, die den nötigen Wasserstoff aus H_2S nehmen. Hierbei fällt kein freier Sauerstoff an. Das ist weniger energie-aufwendig, aber auch weniger produktiv. Wasser ist fast überall in Mengen verfügbar, Schwefelwasserstoff aber nur örtlich und in relativ begrenzten Quantitäten. Ausgedehnte geologische Vorkommen mit hohen Gehalten an organischem Kohlenstoff lassen sich deshalb nur aus der Tätigkeit wasserspaltender Photosynthetiker, also der Cyanobakterien, Algen oder höheren Pflanzen entstanden denken [158].

In der Frühzeit der Erde ist der von den Cyanobakterien erzeugte Sauerstoff offenbar der Atmosphäre noch nicht zugute gekommen, vorwiegend wohl deshalb, weil er von sauerstoff-verbrauchenden Organismen abgefangen wurde, z. B. von Schwefel-Oxidierern und Eisenbakterien, wie sie mit den Cyanobakterien in Gemeinschaft lebten. Im Ergebnis wurde der photosynthetisch produzierte Sauerstoff in Sulfaten bzw. Eisenoxiden und -hydroxiden festgelegt und abgelagert. Ob das stets und überall quantitativ geschah, war wohl Sache der jeweiligen äußeren Umstände.

Die Produktionsleistung der Eisenbakterien hängt vom Angebot an im Wasser gelöstem Eisen ab. Viel davon wird in Zeiten aktiver Krustenbewegung und lebhafter Vulkantätigkeit mobilisiert, weniger in den Ruheperioden. Geht in solchen Mangelzeiten geringeren Eisenangebotes die oxidierende Tätigkeit der Eisenbakterien zurück, hält aber trotzdem die Sauerstoff-Produktion der Cyanobakterien in unverminderter Stärke an, so bleibt im Resultat molekularer Sauerstoff im Überschuß und diffundiert in die Umgebung. Dementsprechend dürften sich schon früh auf der Erde Sauerstoff-Oasen ausgebildet haben, jedenfalls zeitweilig und örtlich.

Im Laufe des Präkambrium scheint sich der Sauerstoff-Überschuß vergrößert zu haben, mehr und mehr davon ist in die Atmosphäre abgeflossen. Einer der Gründe war vermutlich, daß Eisen als Oxidationsmittel zunehmend knapp wurde. Anfangs war in Gesteinen der Erdoberfläche noch reichlich zweiwertiges Eisen enthalten. Dieser Vorrat wurde nach und nach aufgezehrt, denn die Sauerstoff-Produktion der Photosynthetiker war gewaltig und dementsprechend groß auch der Bedarf an sauerstoff-untersättigtem Eisen. Mit dem Nachschub aus der Tiefe allein war er nicht zu decken. So ist es im Laufe des Präkambrium vermutlich zu einem Anstieg des Sauerstoff-Gehaltes in der Atmosphäre gekommen. Diese Entwicklung scheint aber nicht gleichmäßig abgelaufen zu sein, sondern unterlag wohl zeitlichen Schwankungen. Örtlich scheint es schon sehr früh sauerstoff-haltige Biotope gegeben zu haben.

Regiert Gaia die Erde?

In der überlieferten Geschichte des irdischen Klimas zeichnet sich eine Merkwürdigkeit ab. Allem Anschein nach war die Erdoberfläche stets gleichmäßig temperiert, im Durchschnitt jedenfalls nicht kälter als +5 °C und nicht wärmer als +50 °C. Das ist verglichen mit den Verhältnissen auf anderen Planeten ein erstaunlich enger Schwankungsbereich. Niemals in überlieferter Zeit hat die ganze Erdoberfläche unter kochender Hitze oder Dauerfrost gelegen. Selbst in den strengsten Eiszeiten ist die globale Durchschnittstemperatur niemals unter den Gefrierpunkt gefallen. Das ist insofern erstaunlich, als die Sonne anfangs noch um etwa 25–30% kälter war als heute, das sagen jedenfalls die Astrophysiker (Abb. 69). Wäre das heute noch so, herrschte überall auf der Erdoberfläche eine Temperatur tief unter 0 °C, und das gesamte irdische Wasser wäre als Eis festgelegt. Die Sonne ist seit jeher der maßgebliche Wärmespender der Erdoberfläche. Also müßte die Erde in der Frühzeit eigentlich eine lebensfeindliche Kältewüste gewesen sein? Daß dies nicht so war, ist wohl dem besonderen

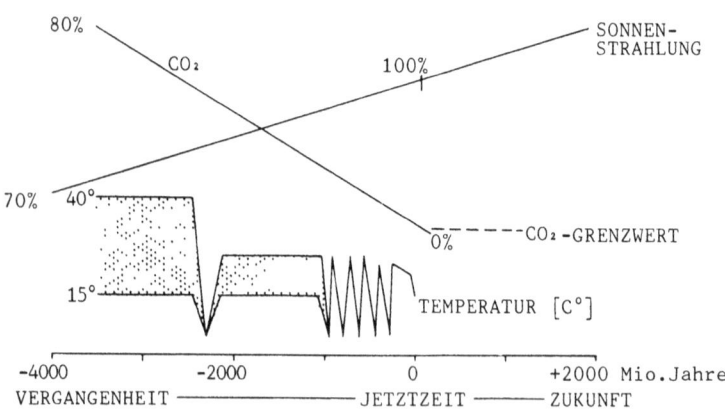

Abb. 69. Gaia-Hypothese zur Entwicklung von Sonne und Erdatmosphäre (CO_2-Gehalt und Temperatur) über 4000 Jahre Vergangenheit und 2000 Jahre Zukunft. Die Strahlungsenergie der Sonne zur Jetztzeit ist gleich 100% gesetzt. Unterhalb des „CO_2-Grenzwertes" erlischt die pflanzliche Photosynthese. Vereinfacht nach Lovelock & Whitfield (1982)

Zustand der Ur-Atmosphäre zu verdanken. Die Sonneneinstrahlung war damals zwar schwächer, die Strahlungsenergie wurde aber besser gespeichert, weil die erste Atmosphäre viel Kohlendioxid enthielt. CO_2 ist das sog. „Treibhausgas", das Sonnenwärme gut festhält und vor der Rückstrahlung in den Weltraum bewahrt. Demnach wurde zur Urzeit der Erde ein Defizit der Sonneneinstrahlung durch die Speicherkraft des CO_2 kompensiert [135].

Aber in der Folgezeit ist die Sonne zunehmend heißer geworden. Damit hätte es eigentlich auf der Erde zu einem Hitzekollaps kommen müssen, in dessen Verlauf alles irdische Wasser verdampft wäre. Daß das nicht geschehen ist, muß man einer besonderen Regulierung zuschreiben: In dem Maße, in dem die Sonneneinstrahlung intensiver wurde, ist offenbar CO_2 aus der irdischen Atmosphäre entfernt und durch Stickstoff und Sauerstoff ersetzt worden. Da diese Gase relativ schlechtere Wärmespeicher sind, wirken sie der Aufheizung durch die Sonne entgegen.

Soweit klingt das plausibel, rätselhaft bleibt aber, wieso beide Prozesse so genau aufeinander abgestimmt waren, daß die irdischen Temperaturen stets moderat und einigermaßen konstant geblieben sind. Das erscheint nur möglich, wenn irgendein Mechanismus in die Atmosphäre steuernd eingreift. Der Regulator muß sehr wirksam und sehr empfindlich gewesen sein, denn es gilt dabei auch episodische Einflüsse auszugleichen, periodische Strahlungsschwankungen der Sonne zum Beispiel oder die wechselnde Zufuhr von CO_2 aus Vulkanen.

Auf unserer heutigen Erde sind es die Pflanzen, denen wir die Wärmeregulierung verdanken. Sie entziehen der Atmosphäre laufend Kohlendioxid, das sie für ihre Photosynthese brauchen. Nur ein Teil davon fließt über Atmungsvorgänge wieder zurück, ein anderer Teil wird in der Biomasse, in Carbonaten und anderen Biomineralen festgelegt. Das sind riesige Mengen. Nahezu alle Carbonate der Schichtgesteine stammen aus der Produktion von Organismen, besonders vom pflanzlichen Plankton. Der Regulierungsmechanismus funktioniert offenbar auf folgende Weise: Steigt der CO_2-Gehalt in der Atmosphäre und damit auch die Temperatur, reagieren die Pflanzen darauf mit stärkerer photosynthetischer Aktivität. Dadurch wird vermehrt CO_2 der Luft entzogen und als Folge davon fallen die Temperaturen. Läßt daraufhin die Aktivität der Pflanzen nach, so wird weniger CO_2 verbraucht. Folglich steigt der CO_2-Spiegel in der Luft wieder, da CO_2 von Vulkanen laufend nachgeliefert wird. Auf diese Weise ist die Pflanzenwelt wärmeregulierend wirksam.

Indirekt sind auch die Landpflanzen am Carbonatisierungsprozeß beteiligt, obwohl sie kaum Carbonat erzeugen. Ihre organischen Reste, Holz, Laub und anderes, werden größtenteils von Bodenorganismen veratmet. Das dabei anfallende Kohlendioxid wird teilweise vom Regenwasser aufgenommen und sickert mit diesem in die Gesteinsklüfte des Untergrundes. Hier wirkt die Kohlensäure als Haupt-Agens der chemischen Gesteinsverwitterung. Im Resultat werden die Grundwasserströme mit bicarbonatischen Lösungen angereichert, die letztlich dem Meer zugehen. Dort stehen die Lösungen den Meeresorganismen für den Aufbau ihrer carbonatischen Biomineralien zur Verfügung. Im Effekt wird CO_2 aus dem Verkehr genommen. Die biologische Regulierung wird zusätzlich unterstützt durch anorganische Reaktionen an Gesteinen mit Pufferwirkung (z. B. Kalke und tonige Dolomite) [55].

Wäre jemals in der Erdgeschichte die regulierende Kraft der Systeme überfordert worden, und damit zuviel CO_2 in die Atmosphäre geflossen, hätte das einen übermäßigen Anstieg der Temperaturen zur Folge gehabt. Ist eine solche Entwicklung erst einmal in Gang gekommen, dann pflanzt sie sich unter Beschleunigung fort, denn die Löslichkeit von CO_2 im Wasser sinkt mit steigender Temperatur. Folglich entweichen zusätzliche Mengen des Gases in die Atmosphäre. Als Folge der Hitze kommt es zur Verdampfung des Ozeanwassers und damit bricht das gesamte Puffersystem zusammen.

Daß die Erde von vornherein eine andere Entwicklung genommen hat, ist offenbar zwei Umständen zuzuschreiben: ihr günstiger Abstand zur Sonne, der die Voraussetzung für angemessene Temperaturen bildet, und die frühzeitige Besiedlung mit Lebewesen, die mit ihrer photosynthetischen Tätigkeit als Temperatur-Regulator wirksam sind. Wie man daraus folgern kann, entwickeln sich Planeten, die rechtzeitig von Lebewesen kolonisiert werden, auf lebensfreundliche Verhältnisse hin, so wie sie den Lebewesen zuträglich sind. Letzten Endes sind es also *die Lebewesen selbst, die mithilfe ihrer Steuerungstätigkeit ihren Planeten in bewohnbarem Zustand halten.* Die von dieser Feststellung abgeleitete „Gaia-Theorie" besagt, daß die belebte Erde sich wie ein hochintegrierter Organismus verhält, der sein Milieu selbst steuert und zwar mithilfe eines komplizierten Systems von Regelkreisläufen und Rückkoppelungsmechanismen, an denen die Biosphäre maßgeblich beteiligt ist. Gaia heißt die Erdgöttin in der altgriechischen Mythe, davon leitet sich der Name der Theorie ab [103, 111].

Interessant ist, was das Gaia-Prinzip für die Zukunft der Erde voraussagt [104]. Den Berechnungen zufolge wird die Strahlungsintensität der Sonne weiter wachsen. So wird der Tag kommen, an dem die regulierende Kraft der Lebewesen ihre Grenze erreichen wird. Die Lufttemperatur wird steigen, schließlich wird alles irdische Wasser verdampfen. Das Ende ist eine Wärmehölle vergleichbar mit den Verhältnissen auf der Venus. Der Zustand könnte sich schätzungsweise in 100 Millionen Jahren einstellen (Abb. 69).

Frühe geologische Überlieferung und Ursprung des Lebens

Wie das Leben aus einer hypothetischen präbiotischen Vorphase entstanden sein mag, ist eine vieldiskutierte Frage. Da es darüber keine Überlieferung gibt, bildet man seine Vorstellungen nach Laborexperimenten und daran anknüpfenden Spekulationen. Solche Überlegungen setzen meist stillschweigend voraus, daß unser Leben auf unserem Planeten entstanden ist. Im Licht neuer Forschungsergebnisse scheint diese Voraussetzung nicht mehr über alle Zweifel erhaben.

Die neuen Überlegungen resultieren aus der Erkenntnis, daß bereits die ältesten auf der Erde bekannten Sedimentgesteine organische Reste enthalten, die, wie der Befund indiziert, von *fortgeschrittenen* Lebensformen stammen. So fragt sich, wann und wo sich die Früh- und Vorstufen des Lebens entwickelt haben (Abb. 74). Jedenfalls erscheint nicht ausgeschlossen, daß das Leben älter ist als die Erde [138].

Nach den heute vorliegenden Daten ist unsere Erde vor etwa 4,6 Milliarden Jahren entstanden. Die ältesten sicher datierten Sedimentgesteine – die Isua-Gesteine von Südwestgrönland – haben ein radiometrisches Alter von rund 3,8 Milliarden Jahren. Die Onverwacht-Sedimente in Südafrika und die Warawoona-Sedimente Australiens sind nur wenig jünger: 3,5 bis 3,6 Milliarden Jahre. Bemerkenswert ist, daß diese archaischen Schichtgesteine sich in ihren Wesensmerkmalen von Ablagerungen jüngerer Zeit kaum unterscheiden. Sandsteine, Quarzite, Grauwacken, Tonschiefer, Carbonat- und Kieselabsätze, Sulfate, Phosphate und andere Gesteinstypen, wie sie sich vorwiegend in einem küstennahen Meer abgelagert haben dürften, finden sich dort verbreitet. Beträchtlich hoch sind stellenweise die Gehalte an Kohlenstoff organischen Ursprungs. In den Isua-Quarziten kann der Kohlenstoffgehalt bis zu 3% der Gesteinsmasse ausmachen. Dieser Wert kommt denen vergleichbarer Ablagerungen aus heutiger Zeit gleich. Man muß daraus schließen, daß die biologische Produktion zur Isua-Zeit, zumindest lokal, nicht geringer war als im vergleichbaren Meeresmilieu heutzutage. Es muß also bereits vor 3,8 Milliarden Jahren ein florierendes Leben auf der Erde gegeben haben. Nur Organismen mit angemessener photosynthetischer Leistung können solche Mengen Biomasse produzieren [144].

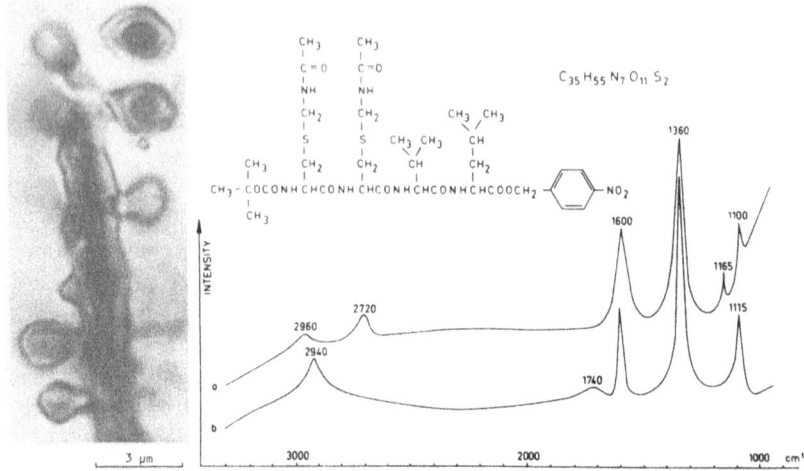

Abb. 70. Links: Ramsaysphaera, ein hefepilz-ähnlicher Organismus aus den Swartkoppie-Schichten von Südafrika, Alter ca. 3400 Millionen Jahre. *(a)* Laser Ramanspektrum der fossilen Zelle, verglichen mit einem Referenzspektrum bekannter Zusammensetzung *(b)* (chemische Strukturformel, *oben*). Größe der Meßfläche ca. 1 µm. Aus Pflug (1982)

Aus einer Zeit vor etwa 3500–3600 Millionen Jahren sind bereits alle wichtigen Zeugen urtümlichen Lebens wohl überliefert: Fossilien (Abb. 70), fossilorganische Substanzen und Biosedimente, d. h. Ablagerungen, die sich zu einem erheblichen Teil aus Stoffwechselprodukten von Lebewesen aufbauen. Dazu gehören z. B. Stromatolithe und die mit ihnen vergesellschafteten Bändereisensteine und Sulfate [41, 161].

Die Fossilien der Urzeit sind durchweg mikroskopisch klein und stammen offenbar von Bakterien und anderen Mikroben. Strukturbildend erhalten sind deren Zellwände, Zellscheiden und anderen äußeren Hüllen, die ursprünglich wohl vorwiegend aus Polysacchariden und verwandten Polymeren aufgebaut waren. Daß solche vergänglichen Gebilde auch in alten Gesteinen erhalten bleiben, ist besonderen Einkieselungsprozessen zu verdanken. Die Organismen werden dabei bereits zu Lebzeiten oder kurz danach in mobile Kieselsäure $Si(OH)_4$ eingeschlossen. Die Kieselsäure dringt leicht durch die Zellwand ins Zell-Innere und reagiert mit dort vorhandenen Biopolymeren zu stabilen silico-organischen Komplexen (Abb. 71) [52]. Bei der anschließenden Umwandlung wird das Sediment entwässert und ausgehärtet, es bildet sich Hornstein, ein feinkörniges Quarzgestein, in deren Kristallen die organischen Strukturen hermetisch eingesiegelt werden und damit vor äußeren Einflüssen, wie Erdwärme und Druck geschützt sind. Allerdings kann es bei nachfolgen-

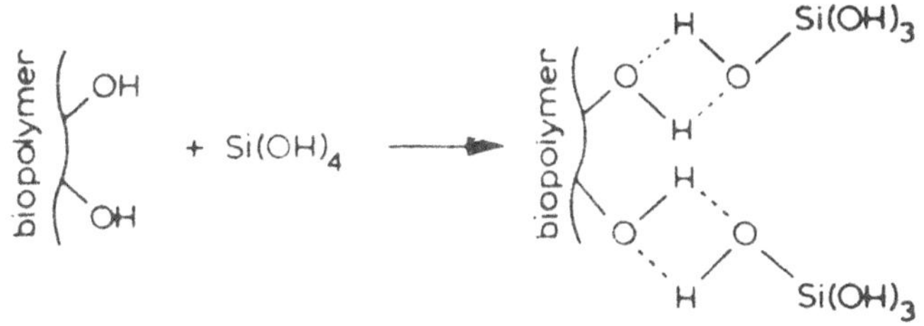

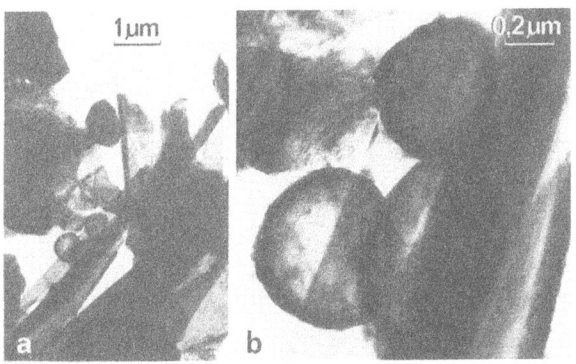

Abb. 71. Reaktion der Kieselsäure mit den Biopolymeren der Zelle bei der Verkieselung der Fossilien. Nach der Deutung von Barghoorn in Francis et al. (1978)

Abb. 72 a, b. Organische Zellreste nach Art von Eisenbakterien aus dem Isua-Bändereisenstein von SW-Grönland, Alter ca. 3800 Millionen Jahre. Bild *(b)* zeigt einen vergrößerten Ausschnitt von Bild *(a)*: zwei sphärische Zellkörper und einige röhrenförmige Zellscheiden. Aus Pflug (1984)

den Gebirgsbildungen zu Umkristallisationen im Gestein kommen. Dabei werden die organischen Einschlüsse häufig zerstört. Erfahrungsgemäß sind die größeren Körper eher betroffen als die Partikel kleiner als 1 µm ($= \frac{1}{1000}$ mm). Solch kleine Teilchen lassen sich dann häufig noch im Elektronenmikroskop erkennen [140].

Fossilstrukturen wurden auch in den 3800 Millionen Jahre alten Isua-Sedimenten von Grönland gefunden (Abb. 72, 73). Diese Gesteine sind allerdings durch Gebirgsmetamorphose stark verändert worden. Entsprechend ist der Zustand der Fossilkörper in Mitleidenschaft gezogen. Sie sind, wie auch die übrigen im Gestein enthaltenen organischen Substanzen, hochinkohlt. Trotzdem gibt es kaum Zweifel, daß es sich bei den Funden um Reste von Blaubakterien und anderen Organismen handelt. Das zeigen Merkmale ihrer Morphologie und Chemie [139]. Unabhängig da-

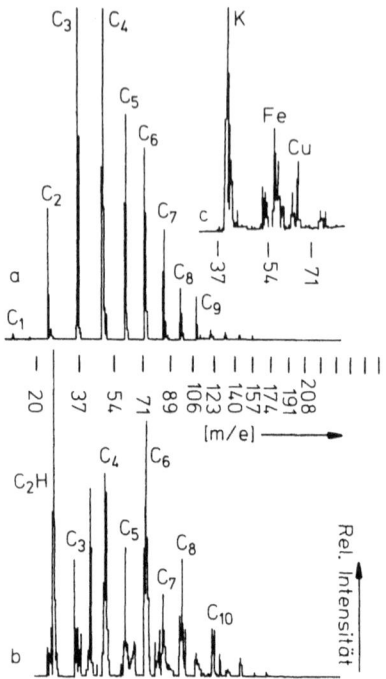

Abb. 73. Laser Massenspektrum einer Isua-Zellscheide nach Art der in Fig. 72 abgebildeten Formen. (b) Negative Ionen, (c) positive Ionen. Durchmesser der Meßfläche ca. 1 µm. Man beachte die Unterschiede zum Spektrum von synthetischem Graphit (a) und vgl. Abb. 43-45. Aus Pflug (1984)

von konnte man auch Chemofossilien im Gesteinskerogen nachweisen, darunter Isoprenoid-Verbindungen, wie sie aus der fossilen Umwandlung von Blattgrün (Chlorophyll) entstehen können [118]. Blaubakterien der Gegenwart haben die Fähigkeit zur Photosynthese. Läßt sich das auch von den uralten Vertretern annehmen? Die Untersuchungen ergaben Hinweise dafür. Schon der Nachweis der Isoprenoid-Kohlenwasserstoffe läßt sich in dieser Richtung deuten. Ein weiteres Indiz folgte aus dem im Fundgestein enthaltenen Isotopen-Verhältnis des Kohlenstoffes. Zum Verständnis dieser Technik muß man wissen, daß Pflanzen für ihre photosynthetische Tätigkeit bevorzugt Kohlendioxid-Moleküle mit dem „leichteren" Kohlenstoff-Isotop ^{12}C aufnehmen (vgl. Abb. 41, S. 76). Die Folge ist, daß die von Pflanzen aufgebaute Substanz einen höheren Anteil des Isotops ^{12}C enthält, als das bei Kohlenstoffverbindungen der anorganischen Natur der Fall ist. Wie die Isotopen-Analyse ergab, müssen die von den uralten Isua-Gesteinen isolierten organischen Verbindungen aus photosynthetischen Vorgängen stammen [158]. Das ursprüngliche Isotopen-Verhältnis bleibt nämlich in fossil-organischer Substanz erhalten, solange die Gesteinsmetamorphose nicht einen Ausgleich herstellt. Im Isua-Kohlenstoff ist das biologische Verhältnis noch deutlich ausgeprägt [156, 158].

Der Bildungsraum der Isua-Sedimente war offenbar das küstennahe Flachmeer, hier sind Carbonate, Bändereisensteine und bituminöse Tone abgelagert worden, die sich durchweg als biologisch geprägte Sedimente deuten lassen.

Das Isua-Land, von dem die abgelagerten Gesteinsmaterialien stammen, dürfte schon 200–300 Millionen Jahre vor der Ablagerungszeit der überlieferten Sedimente existiert haben, d. h. also ein Alter von mindestens 4000–4100 Millionen Jahre haben [30]. Ähnlich alte Kontinentmassen sind auch aus anderen Teilen der Erde bekannt, z. B. von Südafrika und Australien. Ein besonders interessantes Vorkommen liegt im *Aldan-Massiv*, das den tiefsten Abschnitt des Präkambrium in Ost-Sibirien repräsentiert. Die, noch nicht ganz gesicherten radiometrischen Daten deuten hier auf ein Alter von mehr als 4000 Millionen Jahren [151]. Hochgradige Gebirgsmetamorphose hat die dortigen Gesteine tiefgreifend verändert, aber ihr ursprünglicher Zustand ist noch aus spurenhaften Erhaltungen rekonstruierbar. Andeutungen von Schichtgefüge, dazu auch verschiedene chemische und mineralogische Indizien lassen erkennen, daß hier Meeresablagerungen vorliegen. Bemerkenswert ist das Vorkommen von Bändereisensteinen, kohlenstoff-reichen Sedimenten, phosphatischen und carbonatischen Schichten, also Bildungen, wie sie in jüngerer Zeit häufig aus biologischer Produktion stammen.

Das verbreitete Vorkommen von Carbonaten zeigt überdies, daß zu dieser Zeit eine Kohlendioxid-Atmosphäre vorhanden gewesen ist. Es muß zur Aldan-Zeit aber auch schon freien Sauerstoff gegeben haben [27], sonst wäre das Vorkommen von Sulfaten und Eisenoxiden in den Schichten nicht zu erklären. Folglich war die Atmosphäre damals nicht reduzierend sondern eher neutral bis leicht oxydierend. Aber damit wird unglaubhaft, daß zu dieser Zeit eine präbiotische Evolution stattgefunden hat. Denn nur in einem reduzierenden Milieu können sich die molekularen Bausteine bilden, wie sie zum Aufbau eines ersten Lebewesens nötig sind. Bisher hat man vielfach angenommen, daß die Ur-Atmosphäre vorwiegend Methan enthielt und damit reduzierende Eigenschaften hatte. Diese These ist nicht mehr haltbar, das folgt aus mehreren Gründen:

(1) Die archaische Atmosphäre hat sich nach allgemeiner Auffassung aus Exhalationen (Aushauchungen) der Vulkane gebildet. Heutige Vulkane liefern, wenn man einmal vom Wasserdampf absieht, im wesentlichen Kohlendioxid, aber nur sehr wenig Methan.

(2) Vergleichbare Gashüllen der Nachbarplaneten, z. B. die von Venus und Mars sind CO_2-Atmosphären.

(3) Einschlüsse von Gasblasen in archaischen Gesteinen, wie sie sich als eingefangene fossile Luft deuten können, bestehen in der Hauptsache aus Kohlendioxid.

(4) Eine Methan-Atmosphäre kann aus theoretischen Gründen unter irdischen Verhältnissen niemals stabil gewesen sein. Allein der Sauerstoff, wie er durch Dissoziation des Wassers unter energiereicher Strahlung stets freigemacht wird, genügt, das Gas kurzfristig zu zerstören [39, 87].

Nichts spricht also gegenwärtig dafür, daß zur Isua- und Aldan-Zeit eine präbiotische Evolution stattgefunden hat, sondern es läßt sich eher annehmen, daß damals *bereits eine perfekte Lebewelt entwickelt war.* Offenbar stammt der in den Isua- und Aldan-Sedimenten gespeicherte Kohlenstoff von der Körpersubstanz photosynthetischer Organismen. Diese haben vermutlich den Sauerstoff produziert, wie er im Sediment in sulfatischer und oxydischer Bindung vorliegt.

Alle Bakterien heutiger Zeit, auch die primitivsten unter ihnen, sind im Grund recht hochkomplizierte Gebilde, die mehr als 10 000 verschiedene lebensnotwendige Inhaltsstoffe Kohlehydrate, Eiweiße, Fette und anderes

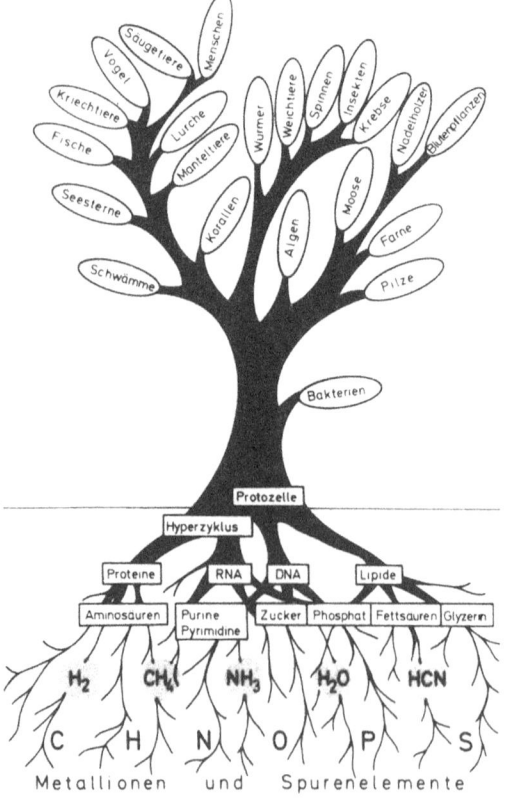

Abb. 74. Der schematische Stammbaum der Evolution veranschaulicht die Stadien der präbiotischen Entwicklung *(Wurzelwerk),* sowie der frühbiotischen und der nachfolgenden Entwicklung *(Stamm und Krone).* Aus Frese (1979)

enthalten. Es ist klar, daß ein solch kompliziertes System sich nicht von heute auf morgen entwickeln konnte. Hier liegt ein weiteres Problem: Wir können annehmen, daß vor nicht viel mehr als 4200–4300 Millionen Jahren lebensfreundliche Verhältnisse auf der Erde bestanden, gekennzeichnet durch eine feste Erdkruste, moderate Temperaturen und flüssiges Wasser. Die Spanne von da bis zur Isua- oder Aldanzeit erscheint jedoch zu kurz für alle Prozesse, wie sie für die Evolution von einem einfachen organischen Molekül bis zum Evolutions-Niveau eines Bakterium nötig sind (Abb. 74).

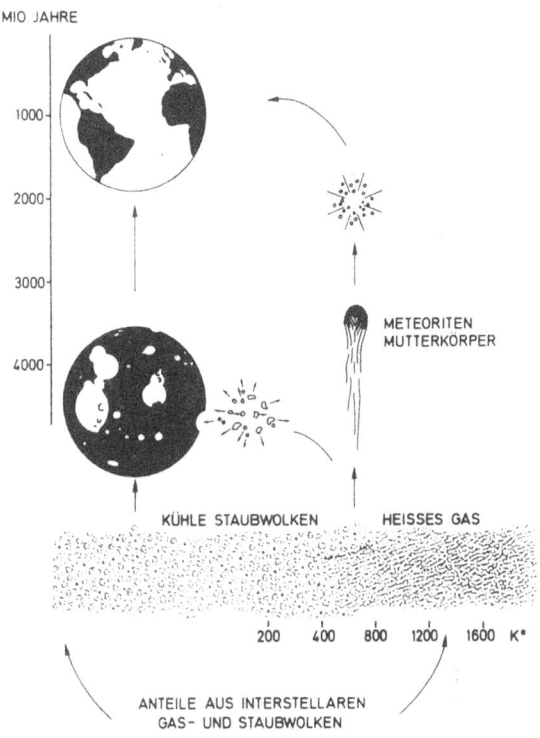

Abb. 75. Vergleichende Zeittafel der Erd- und Meteoritengeschichte. Die Meteoriten-Mutterkörper sind vor ca. 4600 Millionen Jahren aus einer Gas- und Staubwolke hervorgegangen und zwar vermutlich aus derselben, aus der sich Erde und übrige Planeten formiert haben. Ein Teil der meteoritischen Gesteinssubstanz stammt aus dem interstellaren Raum, d.h. von Bereichen außerhalb unseres Sonnensystems. Das ist mit bestimmten exotischen Isotopen angezeigt, wie sie sich in unserem Sonnensystem nicht haben bilden können. Von der Geschichte der Meteoriten ist in der Tafel nur das frühe und das rezente Einschlagsereignis zusammen mit den vorausgehenden Zertrümmerungsvorgängen eingezeichnet. Rekonstruktion der frühen Erde nach Grieve (1981)

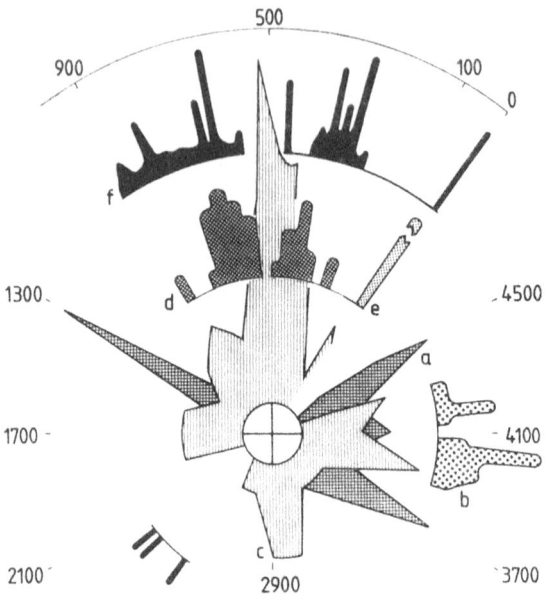

Abb. 76. Kosmische Uhr analog der Darstellung in Abb. 3. *(a, c–e):* Metamorphe Gesteinsalter der Meteoriten in ihrer relativen Häufigkeitsverteilung. Die Maxima indizieren Kollisions- bzw. Zertrümmerungsperioden der Meteoriten-Mutterkörper im interplanetarischen Raum. *(a)* Metamorphe Alter der Achondrite; *(b)* Meteoritisches Einschlagsereignis auf Mond und Erde; *(c)* Kollisionsalter der gewöhnlichen Chondrite; *(d)* Kosmische Strahlenalter der Eisenmeteorite Typ III, IV (= Zertrümmerungsalter entsprechend Abb. 75); *(e)* Kosmische Strahlenalter der Chondrite; *(f)* Irdische Eiszeiten. Quellen: Bogard (1979) in [56], Kirsten (1978), Maurer et al. (1978), Chumakov (1981), Taylor & Heymann (1969), Voshage (1978) in [56]

Eine alternative Erklärung zur Entstehung des Lebens ist neuerdings in der Diskussion. Sie beinhaltet, daß die präbiotischen Bausteine, wie sie für die Bildung des ersten Lebewesens nötig waren, vielleicht nicht terrestrischen, sondern *extraterrestrischen Ursprungs* sind und mit frühen Meteoriteneinschlägen auf die Erde gebracht worden sind (Abb. 75). Ein intensives meteoritisches Bombardement muß sich vor mehr als 3800 Millionen Jahren ereignet haben (Abb. 76). Die Indizien dafür finden sich auf der Oberfläche des Mondes. Auf der Erde haben Verwitterung und Abtragung alle Spuren davon verwischt. Es gibt aber kaum Zweifel, daß die Erde gleicherweise von dem Ereignis betroffen worden sein muß wie der Mond.

Wie man heute weiß, ist eine Vielfalt organischer Moleküle in den interstellaren Wolken unserer Galaxie enthalten. Zehn der bisher identifizierten interstellaren Moleküle kommen als Vorläufer der meisten biochemischen Verbindungen infrage, wie sie für lebende Systeme bezeichnend sind. Daß Meteoriten-Mutterkörper, d.h. Asteroide und Kometen solche organischen Verbindungen aus dem Weltraum zur Erde gebracht haben, ist zumindest eine glaubhafte Möglichkeit [141]. Vieles davon könnte ohne Schaden auf die Erde gekommen sein.

Tabelle 11. Spektralanalytisch nachgewiesene Bestandteile der Kometen. (Nach Delsemme in [141])

Organisch:	C	C_2	C_3	CH	CN	CO	CS	HCN	CH_3CN
Anorganisch:	H	NH	NH_2	O	OH	H_2O	S		
Metalle:	Na	K	Ca	V	Mn	Fe	Co	Ni	Cu
Ionen:	C^+	CO^+	CO_2^+	CH^+	H_2O^+	OH^+	Ca^+	N_2^+	CN^+
Staub:	Silicate								

Das Schicksal eines Meteoriten hängt diesbezüglich von seiner Größe ab. Große Meteoriten-Körper mit einem Gewicht von mehr als 10 t schlagen mit so hoher Geschwindigkeit in den Erdboden ein, daß die Einschlagenergie Gestein zum Verdampfen bringt. Kleinere Stücke herab bis Zentimeter-Größe treffen weniger heftig, mit nur etwa 200–300 m/s auf dem Boden auf, da sie beim Passieren der Erdatmosphäre stark gebremst werden. Sie werden dabei nur in einer millimeterdünnen Außenkruste von der Reibungshitze angeschmolzen, während ihr Inneres unter 100 °C kühl bleibt. Noch kleinere Stücke von Millimeter-Größe verdampfen beim Eintritt in die Atmosphäre. Anders verhält sich wiederum die Feinstfraktion unter ca. 60 µm. Man weiß, daß kosmischer Staub, wie er bei der Zertrümmerung von Kometen entstehen kann und aus solchen Feinstpartikeln besteht, auf der Erde sanft landet [24] (Abb. 77, rechts).

Viel Meteoritengestein bleibt also beim Eintritt in die Erdatmosphäre unerhitzt, zumindest in seiner Kernzone [12]. Den vorliegenden Berechnungen zufolge müssen auf diese Weise gewaltige Mengen organischer Partikel mit dem frühen Meteoriten-Bombardement auf die Erde gekommen sein. In der Größenordnung belaufen sich diese schätzungsweise auf eine Masse von 1×10^{22} g Kohlenstoff (Tabelle 12). Das entspricht dem gesamten Kohlenstoff-Vorrat, wie er in den heutigen Sedimenten enthalten ist. Folglich muß damals die Erdoberfläche weitreichend mit organischem Material bedeckt worden sein, mit Fetten, Kohlehydraten, Pigmenten sowie Grundstoffen der Nukleinsäuren und der Proteine. Die neue Theorie besagt, daß sich aus diesem Angebot an präbiotischen Bausteinen auf der Erde ein erstes Leben formiert hat.

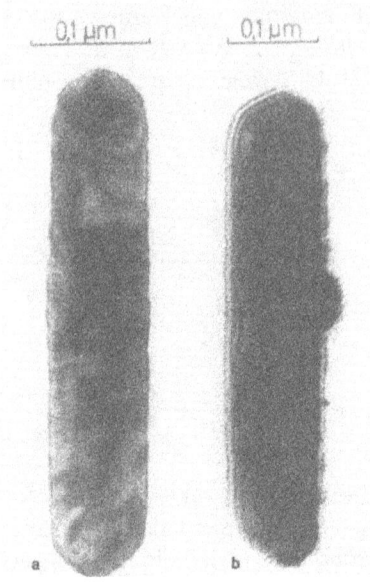

Abb. 77. (a) Organisches Partikel aus dem Murchison Meteoriten, der am 29.9. 1969 in Australien (36°41′S, 145°14′E) niedergegangen ist; *(b)* ein ähnliches Partikel ist am 18.11. 1969 auf 230°S 144°E bei einem unbemannten Ballonflug in 25,6 km Höhe aufgesammelt worden (Bild *b* wurde freundlicherweise von Prof. K. Bigg, Csiro, Epping/Australien, zur Verfügung gestellt)

Tabelle 12. Vorkommen von Kohlenstoff in der Erdkruste

Vorkommen	Kohlenstoff (g)	Autoren
Lebende Biomasse	$8,3 \times 10^{17} - 1 \times 10^{18}$	Abelson, Garrels & MacKenzie
Sedimentäre Kruste (total)	$2,4 \times 10^{24}$	Garrels & Lerman
Sedimentäre Kruste (organisch)	$1,2 - 1,9 \times 10^{22}$	Schidlowski, Hunt
Eingebracht im Früh-Archaikum:		
– von Kometen	10^{22}	Oró et al., Holmquist
– von Meteoroiten	5×10^{17}	Wetherill
– von interstellaren Wolken	$1,5 \times 10^{15}$	Butler et al.
– vom Sonnenwind	$1,5 \times 10^{14}$	Delsemme

Im Prinzip ist diese Vorstellung vom extraterrestrischen Ursprung der Lebensbausteine eine späte Variante der Panspermie-Theorie, wie sie der schwedische Forscher S. Arrhenius bereits zu Beginn dieses Jahrhunderts formuliert hat [59]. Dieser hat aber abweichend von der neuen Auffassung geglaubt, daß fertige Lebewesen aus dem Weltraum importiert worden sind, nicht nur Bauteile oder Lebensvorstufen. Beide Deutungen stehen wieder zur Diskussion.

Die Meteoriten könnten vielleicht Auskunft zu dieser Frage geben. Besonders dafür geeignet erscheinen die kohligen Chondrite, kohlenstoffhaltige Varietäten, wie sie vermutlich von Kometen stammen. Sie enthalten neben Wasser auch eine Vielfalt organischer Substanzen, zum Beispiel Aminosäuren, Mono- und Dicarbonsäuren, N-Heterocyclen, Kohlenwasserstoffe und andere Verbindungen, wie sie typische Grundbausteine der Lebewesen darstellen (Tabelle 13, 14).

Der Name Chondrit leitet sich von einem charakteristischen Bestandteil – den Chondren – ab. Dies sind millimeterkleine kugelförmige Inhaltskörper von radialstrahligem Bau, die im wesentlichen aus den Mineralen der Olivin- und Pyroxen-Gruppe bestehen. Sie stellen zusammen mit anderen Kristall-, Glas- und Erz-Einschlüssen die „Hochtemperatur-Komponente" des Gesteins dar. Daneben findet sich eine „Niedertemperatur-Komponente", die sich aus einer Mischung von Tongestein, Wasser und Kerogen zusammensetzt. Diese ist, wie die Untersuchung zeigt, seit ihrer Entstehung kühl geblieben. Sie kann niemals über 100–150 °C erhitzt worden sein.

Tabelle 13. Elementare Zusammensetzung kosmischer und biologischer Materie (Atomzahl %). (Nach Delsemme in [141])

	Kosmos	Interstellar (Gefrornis)	Komet (flücht. Stoffe)	Bakterien	Säugetiere
Wasserstoff	76,5	55	56	63,0	61,0
Sauerstoff	0,82	30	31	29,0	26,0
Kohlenstoff	0,34	13	10	6,4	10,5
Stickstoff	0,12	1	2,7	1,4	2,4
Schwefel	0,0015	0,8	0,3	0,06	0,13
Phosphor	0,00002	–	–	0,12	0,13
Calcium	0,0002	–	–	–	0,23
H/O	14000	1,8	1,8	2,2	2,3
C/O	0,64	0,43	0,32	0,22	0,40
N/O	0,12	0,03	0,08	0,05	0,09

Man hat aus dem Kerogen-Material zahlreiche organische Verbindungen isolieren können, wie sie ähnlich auch in irdischen Brenngesteinen, in Kohlen, Ölschiefern, Asphalten vorkommen [14]. Was die irdischen Brenngesteine anbetrifft, so weiß man: Sie leiten sich ausnahmslos aus fossil-biologischer Produktion – also von Lebewesen – ab. Das muß nicht unbedingt auch für die vergleichbaren meteoritischen Produkte zutreffen. Theoretisch können diese sich auch von nichtbiologisch-chemischen Prozessen ableiten, und so lautet auch die heute vorherrschende Deutung.

Man beruft sich dabei meist auf Labor-Experimente, in denen man versucht hat, Weltraumbedingungen zu simulieren [14]. Das Ergebnis wird mit bestimmten astronomischen Meßdaten verglichen. Aber natürlich bleibt die Möglichkeit offen, daß im Weltraum beides; biologische und nichtbiologisch-organische Materie vorkommt.

Tabelle 14. Organische Stoffgruppen in Meteoriten. (Nach Nagy [124], Hayatsu & Anders in [14] und anderen Quellen)

	Möglicher Ursprung	
	Biologisch (lebend bzw. fossil)	Nichtbiologisch[a] (Fischer-Tropsch, Miller-Urey)
Aliphatische Kohlenwasserstoffe	+	+
Isoprenoide (Phytan, Pristan usw.)	+	−
Acyclische Kohlenwasserstoffe	+	+
Aromatische Kohlenwasserstoffe	+	+
Höhere Fettsäuren ($>C_9$)	+	−
Purine, Pyrimidine	+	+
Aminosäuren	+	+
Pigmente (Porphyrine, Carotene)	+	+
Thiophene u. andere Schwefelverbindungen	+	?
Organische Polymere	+	?

[a] Mit Simulationsversuchen im Labor herstellbar

Aufsehen erregten vor etwa zwei Jahrzehnten amerikanische Forscher mit der Meldung von Funden strukturierter organischer Reste in Meteoriten. Sollte es sich um Boten eines Lebens auf fernen Himmelskörpern handeln? Die Frage ist bis heute weder im positiven noch im negativen Sinne entschieden. Ein Haupthindernis bildet hier das Verunreinigungsproblem. Es wird zwar heute kaum noch bezweifelt, daß Wasser und organischer Inhalt echte Bestandteil der Meteoriten darstellen, also nicht etwa irdische Verunreinigungen, die beim Einschlag eingedrungen sind. Das gilt jedenfalls für die Hauptmasse der organischen Komponenten. Genauso sicher ist aber auch, daß die Meteoriten nicht völlig frei von Verunreinigungen sind (vgl. Abb. 2, S. 2). Einen Teil der organischen Einschlüsse hat man auch schon mit Sicherheit als solche entlarven können. Von rätselhafter Herkunft bleibt aber eine Gruppe mikroskopisch kleiner organismenartiger Gebilde, die erst zum Vorschein kamen, nachdem man einen Teil der mineralischen Meteoritensubstanz vorsichtig weggelöst hatte [124]. Wie sich zeigte, waren diese Partikel vom meteoritischen Eisenerz überkrustet

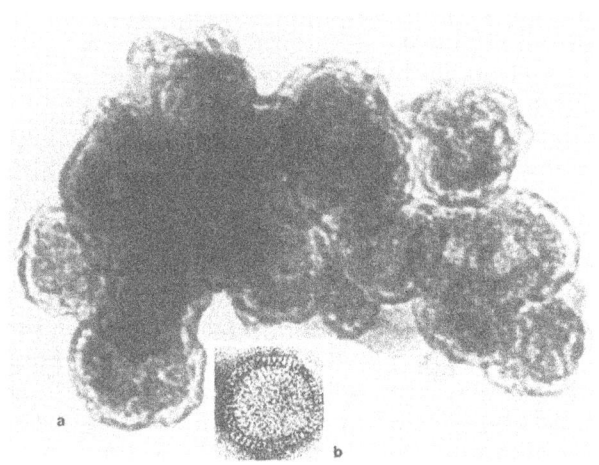

Abb. 78. (a) Organisches Partikel aus dem Murchison Meteoriten. Zum Größen-Vergleich unten ein Influenza-Virus *(b),* letzteres nach H. Frank aus Schlegel (1972)

und ausgefüllt, und zwar in einer Weise, daß man sie eigentlich nur als ursprüngliche Bestandteile deuten kann (Abb. 78).

Wichtig erscheint in diesem Zusammenhang der Nachweis, daß die untersuchten Stücke beim Eintauchen in die irdische Atmosphäre und beim Aufschlag nur in einer äußeren Zone auf Gluthitze gekommen sein können. Im Kern müssen die Temperaturen mäßig geblieben sein, das folgert man aus dem guten Erhaltungszustand der hitzeempfindlichen Minerale, wie Gips. Die Gesteinssubstanz im Körperinnern kann also keine sekundäre Umschmelzung erlitten haben.

Worum handelt es sich bei den aus dem Gestein isolierten organischen Strukturen? Einige von ihnen haben kein Gegenstück in der heutigen oder fossilen irdischen Lebewelt (soweit sie bekannt ist). Andere erinnern an kugelige und fädige Bakterien, wie man sie in sehr frühen Erdschichten findet, darauf ist von mehreren Bearbeitern mit Recht hingewiesen worden. Aber da ähnliche Organisationsformen auch in der heutigen Lebewelt irdischer Böden vorkommen, läßt der Befund kaum weitergehende Schlüsse zu. Aus dem Für und Wider der Diskussion filterte sich schließlich etwa folgendes Ergebnis heraus: So sicher wie manche der Entdeckungen nach kritischer Überprüfung als Kontaminationen entlarvt werden konnten, als Verunreinigungen, die vermutlich beim Aufprall der Himmelskörper in den Erdboden oder danach in die Meteoritensubstanz eingedrungen sind, so läßt sich andererseits kaum noch abstreiten, daß Meteoriten auch primäre organische Verbindungen und zellulär strukturierte organische Körperchen als primäre Bestandteile enthalten.

Um Mißverständnissen vorzubeugen: Einen Zusammenhang zwischen Isua-Organismen und „organisierten Teilchen" der Meteoriten sehen zu wollen, ist mehr als sich heute beweisen läßt. Andererseits erscheint mit den neuen geologischen Erkenntnissen die Möglichkeit, daß das irdische Leben von außerirdischen Urformen abstammt, die mit Kometen in die Urerde eingebracht worden sind, als nicht mehr völlig abwegig.

Vieldiskutiert ist die Frage, ob Lebewesen im Weltraum, z. B. in Kometen existieren oder überdauern können. Auch das erscheint mit neueren Befunden nicht ausgeschlossen. Die kohlige Matrix der Meteoriten entspricht in ihrer Zusammensetzung einem organischen Ton, wie er sich als Schlamm in Gewässern bildet. Feinschichtung und Fließstrukturen zeigen, daß flüssiges Wasser mindestens zeitweilig im Medium vorhanden und aktiv gewesen sein muß. Auch bestimmte Minerale wie Gips, Carbonate und Magnetit, letztere in typischen traubigen und plattigen Ausfällungsformen, sprechen für Bildung im Wasser [89].

Tabelle 15. Entstehung des Sonnensystems. (Nach Delsemme in [141])

	Prozeßbeginn (Millionen Jahre)	Prozeßdauer (Millionen Jahre)
Abkühlung und Kontraktion der interstellaren Wolke	4800	100–200
Ausbildung der Ursonne	4600	10
Staubteilchen ordnen sich zu einem flachen Ring	4570	1
Ring zerfällt zu Kleinkörpern von 1–10 km Durchmesser	4560	1
Zusammenballung und Bildung der terrestrischen Planeten	4550	10–100
Entstehung der großen Planeten	4550	100–1500

Das Alter der Meteorite liegt bei 4,6 Milliarden Jahren (Tabelle 15). Zu dieser Zeit haben sich die Meteoriten-Mutterkörper aus einer Gas- und Staubwolke gebildet. Ein bestimmter Anteil der meteoritischen Substanz scheint aber älteren Datums zu sein und interstellaren Ursprungs zu sein. Das folgert man aus der Anwesenheit bestimmter exotischer Isotope, wie sie sich in unserem Sonnensystem nicht gebildet haben können [101]. Wenn die Meteoriten Einschlüsse biologischen Ursprungs enthalten, dann muß also das Leben älter sein als die Erde ist. Die andere Denkmöglichkeit ist, daß im Weltraum strukturierte zellähnliche Gebilde auch durch nichtbiologisch-chemische Reaktionen entstehen können. Aber das erscheint bei der Vielfalt der zu beobachtenden morphologischen Details schwieriger vorstellbar. Jedenfalls ist eines sicher: Wären die in Meteoriten entdeckten Strukturen in irdischen Sedimenten gefunden worden, hätte kaum ein Bearbeiter gezögert, diese als Reste von Organismen zu deuten. So muß man im Endergebnis feststellen, daß die Indizien, die für einen außerirdischen Ursprung des Lebens sprechen, in letzter Zeit so umfangreich geworden sind, daß man sie nicht außer acht lassen kann. Sicher wird die Frage der Lebensentstehung damit eher schwieriger als leichter zu beantworten sein. Das muß man zunächst hinnehmen.

So ist also mit dem gegenwärtigen Stand unserer Kenntnis der Ursprung des Lebens wieder zur offenen Frage geworden. Extraterrestrische Phänomene scheinen mindestens indirekt an der Entstehung des Lebens beteiligt gewesen zu sein.

Anhang: Chemische Analysenverfahren in der Paläontologie

Eine aussagekräftige chemische Analyse setzt voraus, daß dem Fossil orientiert Materialproben entnommen werden können, die mit der Analyse dann notwendigerweise verloren gehen. Bei wertvollen Einzelfunden ist das natürlich unstatthaft. Häufig stehen aber in der Fossil-Sammlung mehrere Exemplare zur Verfügung, darunter auch Bruchstück-Erhaltungen ohne besonderen musealen Wert. Solche kann man eher opfern. Selten ist es nötig, das ganze Fossil zu zerstören. Denn gewöhnlich genügen relativ kleine Probenmengen, da die gebräuchlichen Analysenverfahren sehr empfindlich sind. Ein besonderes Problem stellt die Analyse von Kleinstfossilien wie Planktonten oder Bakterien dar. Diese werden entweder eingeschlossen im Gesteins-Dünnschliff oder in einem mikroskopischen Präparat unter Deckglasverschluß aufbewahrt. Die Körperchen lassen sich davon kaum isolieren. Andererseits dürfen die Präparate bei der Analyse nicht zerstört werden. Mithilfe moderner Mikrosonden ist auch hier die chemische Untersuchung möglich geworden. Zunächst seien die für Großfossilien üblichen Techniken besprochen.

Die vom Fossil entnommene Gesteinsprobe muß als erstes vorbereitet werden. Man entfernt vom Gesteinsstück die Außenschichten, da diese oft angewittert und verunreinigt sind. Die verbleibende Probe wird gereinigt und dann fein zerkleinert. Durch Behandlung mit Salzsäure und Flußsäure versucht man die mineralischen Bestandteile möglichst vollständig herauszulösen. Aus dem verbleibenden organischen Rückstand entfernt man mit Benzol die extrahierbaren organischen Verbindungen. Als Rest behält man das Kerogen, den unlöslichen organischen Rückstand übrig, der dann zur Analyse kommt. Von den zahlreichen Verfahren seien nur die gebräuchlichsten genannt: Gaschromatographie, Massenspektroskopie und Infrarot-Spektroskopie.

Die *Gaschromatographie* ist ein gebräuchliches Verfahren zur qualitativen und quantitativen Analyse von organischen Stoffgemischen. Bedingung ist, daß sich die zu analysierenden Komponenten vollständig und unzersetzt verdampfen lassen. Besonders geeignet ist das Verfahren zur Analyse von spurenhaften Substanzmengen in der Größenordnung von 10^{-8} bis 10^{-12} Gramm. Der Analysengang stellt sich etwa wie folgt dar (Abb. 79). Die Probe wird mittels einer Spritze in den Injektor des Gas-

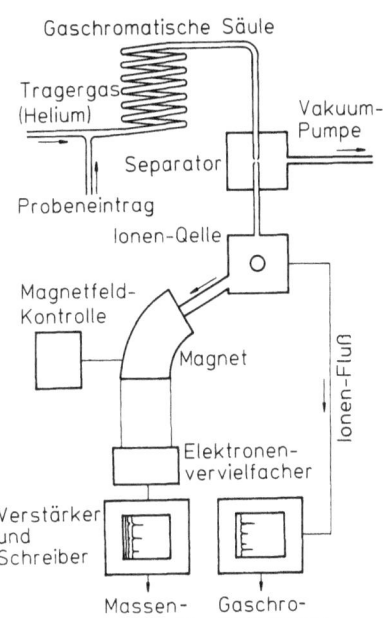

Abb. 79. Kombination von Gaschromatograph und Massenspektrometer. Die Probe durchläuft zuerst den Gaschromatographen *(oben)* und dann das Massenspektrometer *(darunter)*. Im Ergebnis erhält man ein Gaschromatogramm *(unten rechts)* und ein Massenspektrum *(links)*. Nach Eglinton & Calvin (1967)

chromatographen eingegeben, wo sie bei Temperaturen zwischen 200 und 600 Grad Celsius schlagartig verdampft. Gleichzeitig leitet man ein reaktionsträges Gas, z. B. Helium, Argon oder Stickstoff ein, das den Probendampf in eine Trennsäule transportiert. Diese ist mit einem Absorptionsmittel, z. B.: Aluminiumoxid, Aktivkohle oder einem anderen Trägermaterial gefüllt. Die einzelnen Komponenten der Analysensubstanz passieren je nach molekularer Beschaffenheit die Säule mit unterschiedlicher Geschwindigkeit und verlassen diese also in getrennter Reihenfolge. Sie werden dem angeschlossenen Detektor zugeführt und dort nacheinander analysiert. Dazu kann man sich verschiedener Techniken bedienen. Entweder mißt man die spezifische Veränderung, die vom Stoff auf die Wärmeleitfähigkeit des Trägergases ausgeübt wird oder man bestimmt die Stärke des Ionenstromes, den die Substanz in einer Wasserstoffflamme erzeugt. Die Meßwerte werden nach elektronischer Verstärkung über einen Schreiber aufgezeichnet und liefern das sog. Gaschromatogramm. Dieses läßt sich durch Vergleich mit den Spektren bekannter Substanzen ausdeuten.

Auch mit der *Massenspektroskopie* lassen sich geringe Substanzmengen (0,1 bis 1 mg) analysieren. Ermittelt werden dabei Molekulargewicht und Elementarzusammensetzung jeder vorliegenden Verbindung (Abb. 79). Die zu analysierende Probe wird in den Probenbehälter des Gerätes eingeführt. Dort wird anschließend ein Hochvakuum erzeugt, so daß die Probe verdampft. Der Dampf wandert in die Ionisationskammer, wo die Moleküle von einem hochenergetischen Elektronenstrahl beschossen werden. Im Effekt werden aus diesen Elektronen herausgeschlagen, und die ehemals neutralen Moleküle liegen jetzt als positiv geladene Ionen vor. Sie müssen ein elektrisches Potentialgefälle durchlaufen und werden auf diese Weise beschleunigt. Am Ende der Laufstrecke bündelt man die Ionen mittels einer elektromagnetischen Linse zu einem Ionenstrahl. Dieser wird durch ein sehr starkes Magnetfeld geführt, das die Ionen nach Masse und Ladung trennt. Denn bei gleichgroßer Ladung werden leichtere Teilchen stärker, schwerere weniger stark abgelenkt. Die aufgefächerten Partien des Ionenstrahls werden in einem Detektor getrennt analysiert und die Meßwerte in einer anschließenden Registriereinrichtung aufgezeichnet.

Durch Kombination eines Gaschromatographen mit einem Massenspektrometer läßt sich die Analyse erheblich verfeinern. Beide Geräte sind dabei über ein spezielles Einlaßsystem miteinander gekoppelt. Die Probensubstanz wird in der gaschromatographischen Säule nach ihren einzelnen Komponenten aufgetrennt. Diese verlassen nacheinander zusammen mit dem Trägergas die Trennsäule und treten in einen sog. Separator ein, der dem Massenspektrometer vorgeschaltet ist. Hier wird das Trägergas abgeschieden und entfernt. Die separierten Komponenten der Probe werden nacheinander ins Massenspektrometer eingegeben, in dem sie dann auf ihre Masse und Ladung analysiert werden können. Moderne Kombinationsgeräte erlauben die Identifizierung von Substanzmengen der Größenordnung zwischen 10^{-9} und 10^{-12} Gramm.

Als Beispiel spektral-optischer Analysenverfahren sei hier die *Infrarotspektroskopie* genannt. Das Meßgerät enthält eine spezielle Lichtquelle, die viel Strahlung im infraroten Spektralbereich zwischen 800 nm und 1 mm abgibt. Das Licht wird mittels eines optischen Systems durch die zu analysierende Substanz geschickt, wo es mit den funktionellen Gruppen der Moleküle in Wechselwirkung tritt. Es kommt zu Resonanz-Effekten, in deren Folge bestimmte Wellenlängen des Lichtes absorbiert werden. Die Absorptionsbanden sind nach ihrer Art und Lage im Spektrum für bestimmte funktionelle Gruppen der Moleküle spezifisch. Sie werden in einem Detektor ermittelt, elektronisch verstärkt und über einen Schreiber als Spektralkurve aufgezeichnet. Die Ausdeutung erfolgt mithilfe von Vergleichsspektren, die man von bekannten Substanzen ermittelt hat. Die IR-Spektroskopie erfordert nur wenig Arbeitsaufwand, ist aber in ihren Aussagemöglichkeiten begrenzt. Sie wird deshalb bevorzugt in Kombination mit anderen Verfahren angewandt.

Zunehmende Bedeutung in der chemischen Paläontologie gewinnen die Mikrosonden. Diese Instrumente ermöglichen die Analyse winziger

Partikel, auch solcher, die noch im Gestein eingeschlossen sind. Für den Mikropaläontologen sind hier besonders solche Geräte nützlich, die sich zur Analyse organischer Moleküle eignen, wie z. B. die Raman-Mikrosonde, das Infrarot-Analysenmikroskop oder das Laser-Massenspektrometer. Die meisten dieser Konstruktionen stellen Kombinationen eines Lichtmikroskopes mit einem Spektrometer dar. Die Analysenprozedur ist relativ einfach. Gewöhnlich wird aus der Gesteinsprobe eine Platte von 1–3 cm^2 Fläche geschnitten und auf ca. $\frac{1}{20}$ mm Dicke heruntergeschliffen. Die dünne Gesteinsscheibe kann gelegentlich eine Vielzahl von Zellfossilien enthalten, denn diese sind meist weniger als $\frac{1}{10}$ mm groß. Unter dem Mikroskop kann man sie eingeschlossen im Mineralverband erkennen. Auf die zu analysierende Stelle des Fossils wird ein feiner Meßstrahl gerichtet. Die bestrahlte Meßfläche läßt sich bis auf 1 µm ($= \frac{1}{1000}$ mm) Durchmesser eingrenzen, so daß der Zellkörper auch in seinen Bestandteilen analysiert werden kann. Bestimmte, aus der Wechselwirkung von Lichtenergie und Molekülen resultierenden Effekte, werden in einem angeschlossenen Spektrometer analysiert und auf einem Schreiber registriert. Das aufgezeichnete Spektrum vermittelt Informationen über die vorliegenden Molekülstrukturen. Soweit haben die gebräuchlichen molekularen Mikrosonden ihre Wirkungsweise gemeinsam. In Einzelheiten unterscheiden sie sich aber erheblich voneinander, und zwar sowohl was die angewandte Technik, als auch was ihre analytischen Aussagen anbetrifft. Deshalb kombiniert man gerne mehrere Verfahren, die sich in ihren Angaben ergänzen (Abb. 70, 73; S. 128). Als Vorteil der Mikrosonden-Verfahren muß gelten, daß man die Mikrostrukturen in ihrer primären Position im Gesteinsverband analysieren kann. Damit ist sichergestellt, daß die analysierten Partikel ursprüngliche Bestandteile des Gesteins darstellen und nicht Verunreinigungen aus jüngerer Zeit. Von der künftigen Weiterentwicklung der Mikrosonden-Technik kann sich die Paläontologie weitere neue Erkenntnisse versprechen.

Erklärung der Fachausdrücke
(soweit nicht im Text erläutert)

Å
Maßeinheit (1 Å = 10^{-8} cm).

Acetate
Salze oder Ester der Essigsäure.

Achondrit
Ein Steinmeteorit ohne Kugelkorn-Gefüge (siehe Chondrit). Die meisten Achondriten sind offenbar Glutflußprodukte.

aerob
Sauerstoff-haltig, mit Sauerstoff ablaufend.

Alkane
Sammelbezeichnung für die gesättigten unverzweigten und verzweigten Kohlenwasserstoffe der Paraffinreihe.

Alkaloid
Gruppe stickstoff-haltiger basischer Naturstoffe, die vorwiegend von Pflanzen erzeugt werden und sich aus relativ wenigen stickstoff-haltigen heterocyclischen Strukturgruppen ableiten.

Alkohol
Organische Kohlenstoffverbindungen aliphatischer oder alicyclischer Art, die als funktionelle Gruppe die Hydroxylgruppe – OH tragen.

Ammoniten (Ammonshörner)
Fossile Gruppe der Kopffüßler (Cephalopoden) mit eingerolltem Gehäuse.

anaerob
Ohne Sauerstoff, von Sauerstoff unabhängig.

Anneliden (Ringelwürmer)
Gruppe wurmförmiger, segmentierter Organismen ohne Gliedmaßen mit einem durchgehenden Darmkanal.

Armfüßer
Siehe Brachiopoden.

Aromate
Organische Ringverbindungen, die einen oder mehrere meist sechsgliedrige Kohlenstoffringe mit je 3 C-Doppelbindungen enthalten.

Asphalt
Rückstandsprodukt eines Erdöls, das seine leichtflüchtigen Bestandteile verloren hat und deren schwerflüchtige Komponenten sich durch Oxidation und Polymerisation zu einer plastischen Masse umgebildet haben.

Asteroid
Planetenartiger, kleiner Himmelskörper des Sonnensystems. Die meisten davon finden sich im Asteroiden-Gürtel zwischen Mars und Jupiter.

Belemniten (Donnerkeile)
Ausgestorbene Gruppe aus der Verwandtschaft der Tintenfische mit keilförmigem inneren Kalkgehäuse. Letzte Nachläufer halten sich bis ins Alttertiär.

Brachiopoden (Armfüßer)
Meerestiere mit zwei tentakeltragenden, armförmigen Mundlappen und einem zweiklappigen, muschelähnlichen Gehäuse aus Kalk, bei Primitivformen („Inarticulata") auch aus Horn oder Phosphat.

Braunalgen
Siehe Phaeophyten.

Bryozoen (Moostierchen)
Koloniebildende aquatische Kleintiere mit meist kalkigem, seltener auch organischem Außenskelett. Vorwiegend im Flachmeer beheimatet.

Chelate (Scherenverbindungen)
Verbindungen, in denen ein Molekül über ein Zentralatom bzw. Zentralion mit organischen Gruppen zu einem Ring geschlossen sind.

Chinone
Verbindungen, die vom Benzol bzw. vom Phenol abgeleitet werden und zwei Sauerstoff-Atome enthalten. Demzufolge sind Chinone als ringförmige Diketone anzusprechen.

Chlorophyten (Grünalgen)
Ein- bis vielzellige Algen, die nur Chlorophyll als photosynthetisches Pigment enthalten.

Chondrit
Ein Steinmeteorit der „Chondren", kleine Kugelkörner aus Fe-, Mg-, Al-Silicaten enthält. Auch in den kohlenstoff-haltigen Meteoriten der Typen C2, C3 sind Chondren enthalten, nicht aber im Typ C1.

Cordaiten
Nacktsamige Bäume des Erdaltertums mit lineal-lanzettlichen Blättern und mächtigem gefächertem Markkörper im Stamm.

Cycadeen (Palmfarne)
Nacktsamige Baumgewächse von palmen-artigem Aussehen mit farnartigen Blättern. Auch heute noch in Tropen und Subtropen vorkommend.

Cyanobakterien (Blaubakterien, Blaualgen)
Winzige ein- bis wenigzellige Organismen ohne echten Zellkern. Die photosynthetischen Pigmente bestehen aus Chlorophyll, Carotinoiden und anderen Zusatzpigmenten. Je nach Anteil dieser Farbstoffe sind die Zellen von blauer bis rötlicher Färbung.

Diatomeen (Kieselalgen)
Einzellige Algen mit einem Gehäuse aus Pektin, dem ein Panzer aus Kieselsäure aufgelagert ist. Wichtiger Bestandteil des Phytoplanktons kühler Meeresbreiten.

Diatomeenschlamm
Meeresablagerung der kühleren Breiten im Tiefenbereich 1000–4000 m. Reich an Schalen der Kieselalgen (Diatomeen).

Echinodermen (Stachelhäuter)
Meerestiere von meist 5-strahliger Symmetrie mit einem Kalkskelett. Zu den heutigen Vertretern gehören u.a. die Seelilien, Seeigel, Seegurken, Schlangensterne und Seesterne. Hinzu kommen mehrere ausgestorbene Stämme.

Epidermis
Äußere Gewebelage des Körpers. Sie scheidet oft nach außen eine Kutikula aus.

Ester
Organische Verbindungen, die unter Wasserabspaltung aus organischen Säuren und Alkoholen entstehen: $R-COOH + R'-OH \rightarrow RCOOR' + H_2O$ (R, R' organische Reste).

extraterrestrisch
Der Bereich außerhalb der Erde.

Flagellaten
Einzeller mit einer oder mehreren Geißeln. Verbreitet im Plankton des Meeres und des Süßwassers.

Flavon
2-Phenylchromon $C_{15}H_{10}O_2$. Muttersubstanz der natürlichen (meist gelblichen) Flavonfarbstoffe in den Blüten vieler Pflanzen.

Foraminiferen (Kammerlinge)
Einzellige Meerestiere mit einem oft vielkammerigen Gehäuse aus Kalk, Kieselsäure oder organischen Stoffen. Verbreiteter Bestandteil des Zooplanktons der Meere.

Fossil
vorzeitlicher Überrest eines Lebewesens oder die im Gestein erhaltenen Spuren einer Lebenstätigkeit (z. B. Kriechfährten).

Galaxie
Milchstraßen-System.

Gallenfarbstoffe
Dunkel gefärbte Verbindungen mit einer Tetrapyrrol-Struktur. Entstehen im Körper häufig aus der Zersetzung der roten Blutkörperchen.

Gaschromatographie/Massenspektrometrie
Analysenmethode zur Trennung komplexer Stoffgemische, die vorher in den gasförmigen Zustand überführt worden sind. Der Gasstrom wird über Säulen mit spezifisch adsorbierenden Materialien geführt. Im Effekt trennen sich die Komponenten. In einem angeschlossenen Massenspektrometer werden die Moleküle oder deren Bruchstücke in geladene Ionen überführt und können dann nach Maßgabe ihrer Masse und Struktur identifiziert werden.

Gesteinsmetamorphose
Veränderungen des mineralischen Bestandes (z. B. Umkristallisierung) durch Hitze und Druck. Der Umwandlungsgrad in chondritischen Meteoriten ist durchweg viel schwächer als der in den meisten irdischen metamorphen Gesteinen.

Ginkgo-Gewächse
Nacktsamige Bäume mit gelappten Laubblättern. Heute nur noch mit einer Art vertreten.

Grünalgen
Siehe Chlorophyten.

Halbsaitentiere
Siehe Hemichordaten.

Hemichordaten (Halbsaitentiere)
Meeresorganismen mit einem wurmartigen Körper, der durch einen in der Rückenpartie gelegenen Achsenstrang (Stolo) stabilisiert wird.

Heterocyclen
Ringverbindungen, die im Ring außer Kohlenstoff noch andere Elemente, z. B. Stickstoff, Sauerstoff, Schwefel, enthalten.

Infrarot-Spektroskopie
Identifizierung chemischer Strukturen nach ihrem unterschiedlichen Absorptionsverhalten im Spektralbereich des infraroten Lichtes.

interstellare Materie
Die zwischen den Sternen unregelmäßig verbreitete Materie von durchweg sehr geringer Dichte (60% Wasserstoff, 38% Helium, 2% anderes).

Isotope
Atomsorten eines Elementes, die sich in der Zahl der im Atomkern enthaltenen Neutronen unterscheiden.

Ketone
Organische Verbindungen, die eine zweiwertige Atomgruppe C=O enthalten. Einfachster Vertreter ist Dimethylketon (Aceton) CH_3COCH_3.

Komet
Ein diffuser aus Gasen und festen Partikeln zusammengesetzter Körper, der sich auf einer elliptischen bis parabolischen Umlaufbahn um die Sonne bewegt. Mindestabstand zur Sonne ca. 1 AU, Höchstabstand ca. 10^4 AU. 1 AU (Astronomische Einheit) = 149,6 Millionen km.
Die durchschnittliche Lebensdauer eines Kometen beträgt etwa 100 Umläufe. Ihren Ursprung haben die Kometen vermutlich im peripheren Bereich des Sonnensystems.

konjugierte Doppelbindung
System zweier chemischer Doppelbindungen, die durch eine einfache Bindung getrennt sind, z.B. Butadien:

$$\begin{array}{c} H \\ \\ H \end{array}\!\!\!\!\!\!C = C - C = CH_2 \quad \begin{array}{c} H\ H \\ \end{array}$$

Kopffüßer
Siehe Cephalopoden.

Kutikula
Äußere Körperschicht, wie sie von der Epidermis der Landpflanzen und der meisten wirbellosen Tiere ausgeschieden wird.

Laser-Massenspektrometrie
Das zu analysierende Objekt wird von einem feinen Laserstrahl getroffen. Die abgesprengten Teilchen (Atome, Moleküle) werden im Massenspektrometer ionisiert und nach Maßgabe ihrer Masse und Struktur identifiziert.

Lipoproteine
Proteine, die einen Lipid-Anteil enthalten.

Maastricht
Oberste Stufe der Kreide-Formation.

Massenspektrometer
Siehe Gaschromatographie.

Metamorphose
Siehe Gesteinsmetamorphose.

Meteorit
Gesteinskörper außerirdischer Herkunft, der auf die Erde niedergeht und dabei erhalten bleibt.

Melanine
Stickstoff-haltige braune oder schwarze Farbstoffe im Körper der Lebewesen, die aus der Vorstufe der Melanogene mit Hilfe oxidierender Enzyme gebildet werden.

Moostierchen
Siehe Bryozoen.

Mutation
Änderungen im Erbgut eines Lebewesens.

Myosin
Protein, das als wichtiger Bestandteil im tierischen Muskel vorkommt.

Naphthene
Organische Verbindungen aus gesättigten Kohlenwasserstoffen in Ringverbindungen (sog. Cycloalkane). Allgemeine Formel: C_nH_{2n}.

Orthophosphat
Salze der ortho-Phosphorsäure H_3PO_4, die immer den Phosphatsäure-Rest PO_4^{3-} enthalten.

Osmoregulation
Mechanismus, der die Körperflüssigkeiten der Zelle in der richtigen Konzentration von Wasser, Salz und Ionen hält.

Panspermie
Spekulationen über die mögliche Existenz von Mikroorganismen im interstellaren Raum. Prominente Vertreter der Theorie: S. Arrhenius, J. v. Liebig, H. L. F. v. Helmholtz, W. T. Lord Kelvin, F. Hoyle, F. Crick.

Phaeophyten (Braunalgen)
Vielzellige Meeresalgen der gemäßigten und kälteren Gebiete mit den Zusatzpigmenten Fukoxanthin und Xanthophyll, die das Chlorophyll der Zelle überlagern und so zu einer braunen Färbung führen. Sie synthetisieren spezifische Speicherstoffe.

Phenol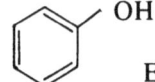
Einfachster aromatischer Alkohol C_6H_5OH.

Polykondensation
Bildung von Großmolekülen aus niedermolekularen Verbindungen unter Abspaltung niedermolekularer Gruppen (H_2O, Alkohol usw.). Die Ausgangssubstanzen müssen funktionelle Gruppen tragen. Die Reaktionen erfordern im Gegensatz zur Polymerisation Energiezufuhr.

Polymerisation
Aufbau von Makromolekülen aus ungesättigten Monomeren wie Ethylen, Styrol usw., die sich zu Fadenmolekülen zusammenlagern.

Phytoplankton
Siehe Plankton.

Plankton
Die kleinen im Wasser schwebenden Tiere (Zooplankton) und Pflanzen (Phytoplankton).

Porphyrine
Ungesättigte farbige Ringverbindungen aus 4 Pyrrol-Ringen und einem Metallion. Sie bilden wichtige Pigmente des Tier- und Pflanzenreiches (Hämin, Chlorophyll). Abkömmlinge der Porphyrine sind die Gallenfarbstoffe.

präbiotisch
Hypothetisches Evolutionsstadium, wie es der Entstehung des ersten Lebewesens vorausgegangen sein muß.

Purin
Heterocyclische organische Base aus einem sechsgliedrigen Pyrimidin-Ring und einem fünfgliedrigen Imidazol-Ring. Ausgangssubstanz wichtiger Biomoleküle, Adenin, Guanin, Harnsäure sowie der Alkaloide.

Pyrimidin
Sechsgliedrige heterocyclische Base mit 2 N-Atomen (1,3 Diazin), aus der sich zahlreiche biologisch wichtige Substanzen ableiten. Der Ring ist wichtiger Bestandteil einiger Naturstoffe, z. B. der Nukleinsäuren.

Radiometrie
Altersbestimmung mit Hilfe der natürlich vorkommenden radioaktiven Isotopen. Ein radioaktives Isotop zerfällt mit konstanter Geschwindigkeit. Aus dem Mengenverhältnis von Ausgangssubstanz und Zerfallsprodukt läßt sich das Zerfallsalter berechnen.

Raman-Spektroskopie
Monochromatisches Licht erleidet im durchsichtigen Medium Streuung, die mit zusätzlich auftretenden Spektrallinien in Erscheinung tritt. Solche sind für die Struktur der vorliegenden Molekülstrukturen kennzeichnend. In der Raman-Mikrosonde wird der Raman-Effekt mit Hilfe eines feinen Laserstrahles erzeugt. Auf diese Weise können im Gestein eingeschlossene Mikrostrukturen individuell analysiert werden.

rezent
Gegenwärtig.

Sediment
Geologische Gesteinsablagerung (Sand, Ton, Kalkstein usw.).

Stachelhäuter
Siehe Echinodermen.

Stromatolithen
Lagig aufgebaute, meist carbonatische Gesteine aus der Produktion von Mikroben, besonders der Cyanobakterien.

Stromatoporen
Fossile Koloniebauten aus Calciumcarbonat, die möglicherweise von Schwämmen produziert worden sind. Wichtiger Bestandteil paläozoischer Riffe.

Symbiose
Zusammenleben artverschiedener Organismen in gegenseitiger Abhängigkeit.

Tang
Derbe, meist schnellwüchsige Algen der Gezeitenzone. Besonders durch Braunalgen vertreten.

Trilobiten
Ein Stamm ausgestorbener mariner Gliedertiere des Erdaltertums.

Tyrosin
Aminosäure mit aromatischem Rest. Wichtiger Bestandteil fast aller Eiweißstoffe.

Zooplankton
Siehe Plankton.

Literatur

1. Abderhalden, E., Heyns, K.: Nachweis von Chitin in Flügelresten von Coleopteren des oberen Mitteleozäns (Fundstelle Geiseltal). Biochem. Z, 259, 320–321 (1933)
2. Albrecht, P., Ourisson, G.: Biogene Substanzen in Sedimenten und Fossilien. Angew. Chem. 83 (7), 221–260 (1971)
3. Alvarez, L. W., Alvarez, W., Asaro, F., Michel, H. V.: Extraterrestrial causes for the Cretaceous-Tertiary extinction. Science 208, (4448), 1095–1108 (1980)
4. Ashendorf, D.: Are sulfur isotope ratios sufficient to determine the antiquity of sulfate reduction. Origins of Life 10, 325–333 (1980)
5. Bakker, R.T.: Tetrapod extinctions. In: Patterns of evolution (A. Hallam ed.), 436–470, Amsterdam: Elsevier (1977)
6. Barghoorn, E.S., Tyler, S.A.: Microorganisms from the Gunflint chert. Science 147, 563–577 (1965)
7. Barrington, E.J.W.: Invertebrate structure and function. Simbury on Thames Middlesex: Nelson & Sons (1979), 756 S.
8. Belayouni, H., Trichet, J.: Glucosamine as a biochemical marker for Dinoflagellates in phosphatised sediments. In: Adv. Organ. Geochemistry 1979 (A.G. Douglas, J.R. Maxwell ed.), Oxford: Pergamon (1980)
9. Blumer, M.: Organic pigments: their long-term fate. Science 149, 722–726 (1965)
10. Bonik, K.: Die Entstehung der Kieselalgen – ein stammesgeschichtliches Modell, II. Die Konsequenzen der Schalenbildung. Natur u. Museum 109 (1), 1–9 (1979)
11. Bonner, J.T. (ed.): Evolution and development. 375 S., Berlin-Heidelberg-New York: Springer (1982)
12. Boschke, F.L.: Erde von anderen Sternen. 347 S., Düsseldorf: Econ (1965)
13. Boschke, F.L.: Die Herkunft des Lebens. 257 S., Düsseldorf: Econ (1970)
14. Boschke, F.L. (ed.): Cosmo- and Geochemistry. 133 S., Berlin-Heidelberg-New York: Springer (1981)
15. Bouška, V.: Geochemistry of coals. 284 S., Amsterdam: Elsevier (1982)
16. Bowen, H.J.M.: Environmental chemistry of the elements. 443 S., London: Academic Press (1979)
17. Brasier, M.D.: Microfossils. 193 S., London: Allen & Unwin (1980)
18. Breger, J.A.: Organic geochemistry. 658 S., Oxford: Pergamon Press (1963)
19. Bremer, R.A.: Early diagenesis. 340 S., Princeton N.J.: Princeton Univ. Press (1980)
20. Broda, E.: The evolution of the bioenergetic process. 220 S., Oxford: Pergamon Press (1975)
21. Brooks, J., Shaw, G.: Origin and development of living systems. 412 S., London: Academic Press (1973)
22. Brooks, J., Niklas, K.J.: The chemistry of fossils: biochemical stratigraphy of fossil plants. In: Biostratigraphy of fossil plants (D. Dilcher, T.N. Taylor eds.), 227–250, Stroudsberg Pa.: Dowden, Hutchinson & Ross (1980)
23. Brown, C.H.: Structural material in animals. 448 S., London: Pitman Publishing (1975)

24. Brownlee, D. E.: Cosmic dust & Cometary particles. Geotimes „1983", 35–37 (1983)
25. Brownlow, A. H.: Geochemistry. 553 S., Englewood Cliffs N. J.: Prentice-Hall (1979)
26. Campbell, S. E.: Soil stabilization by a Procaryotic desert crust: Implications for Precambrian land biota. Origins of Life 9, 335–348 (1979)
27. Canuto, V. M., Levine, J. S., Augustsson, T. R., Imhoff, C. L.: Oxygen and ozone in the early Earth's atmosphere. Precambrian Res. 20 (2–4), 109–120 (1983)
28. Carlisle, D. B.: Chitin in a Cambrian fossil *Hyolithellus*. Biochem. J. 90, 1c–3c (1964)
29. Chumakov, N. M.: Upper Proterozoic glaciogenic rocks and their stratigraphic significance. Precambrian Res. 15, 373–395 (1981)
30. Cloud, P.: The pre-biotic Earth, the beginnings of life and the evolution of biological complexity. Search 13 (3–4), 65 (1982)
31. Cloud, P., Glaessner, M. F.: The Ediacarian period and system: Metazoa inherit the Earth. Science 217, 783–792 (1982)
32. Cook, P. J., McEllhinny, M. W.: A re-evaluation of the spatial and temporal distribution of sedimentary phosphate deposits in the light of plate tectonics. Economic Geology 74, 315–330 (1979)
33. Cowen, J. P.: Fe and Mn depositing bacteria in marine suspended macro-particulates. In: Biomineralization and biological metal accumulation (Westbroek, P., de Jong, E. W. eds.), 489–493 Dordrecht: Reidel (1983)
34. Dearnley, R.: Crustal tectonic evidence for earth expansion. – In: The application of modern physics to the Earth and planetary interiors (S. K. Runcorn ed.), London: Wiley-Interscience (1969)
35. Degens, E. T.: Geochemie der Sedimente. 282 S., Stuttgart: Enke (1968)
36. Degens, E. T., Love, S.: Comparative studies of amino acids in shell structures of *Gyraulus trochiformis* Stahl from the Tertiary of Steinheim, Germany. Nature 205, 876–878 (1965)
37. Degens, E. T.: Why do organisms calcify. Chem. Geology 25, 257–269 (1979)
38. Degens, E. T., Schmidt, H.: Die Paläobiochemie, ein neues Arbeitsgebiet der Evolutionsforschung. Paläont. Z. 40 (3/4), 218–229 (1966)
39. Dose, K., Rauchfuß, H.: Chemische Evolution und der Ursprung lebender Systeme. 217 S., Stuttgart: Wissensch. Verlagsges. (1975)
40. Dexter-Dyer Grosowsky, B.: Microbial role in Witwatersrand gold deposition. In: Biomineralization and biological metal accumulation (Westbroek, P., de Jong, E. W. eds.), 495–498 Dordrecht: Reidel (1983)
41. Dunlop, J. S. R., Muir, M. D., Milne, V. A., Groves, D. J.: A new microfossil assemblage from the Archaean of Western Australia. Nature 274, 676–678 (1978)
42. Eglinton, G., Calvin, M.: Chemical Fossils. Scientific American 216, 32–43 (1967)
43. Eglinton, G., Murphy, M. T. J. (ed.): Organic geochemistry. 520 S., Berlin-Heidelberg-New York: Springer (1969)
44. Ehrlich, H. L.: Geomicrobiology. 418 S., New York-Basel: Marcel Dekker (1981)
45. Erben, H. K.: Die Entwicklung der Lebewesen. 2. Aufl., 517 S., München-Zürich: Piper (1970)
46. Erben, H. K.: Massensterben am Ende des Erdmittelalters. Umschau 83 (14, 15), 424 (1983)
47. Erben, H. K., Hoefs, J., Wedepohl, K. H.: Palaeobiological and isotopic studies of eggshells from a declining dinosaur species. Palaeobiology 5 (4), 380–414 (1979)
48. Fairbridge, R. W., Jablonski, D.: The encyclopedia of Paleontology. 886 S., Stroudsburg PA.: Dowden, Hutchinson, Ross (1979)

49. Follinsbee, R. E.: Precambrian metallogenic epochs – atmospheric or centrospheric? In: Recent contributions to geochemistry and analytical chemistry (A. I. Tugarinov ed.), 281–292, Jerusalem: Kefer Press (1975)
50. Folinsbee, R. E.: Variations in the distribution of mineral deposits with time. In: Mineral deposits and the evolution of the Biosphere (H. D. Holland, M. Schidlowski eds.), 219–236, Berlin-Heidelberg-New York: Springer (1982)
51. Follmann, H.: Chemie und Biochemie der Evolution. 281 S., Heidelberg: Quelle & Meyer (1981)
52. Francis, S., Margulis, L., Barghoorn, E. S.: On the experimental silification of microorganisms II. On the time of eukaryotic organisms in the fossil record. Precambrian Res. 6 (1), 65–100 (1978)
53. Franzen, J. L.: Die Fossilfundstelle Messel. Ihre Bedeutung für die paläontologische Wissenschaft. Naturwissenschaften 63, 418–425 (1976)
54. Frese, W.: Evolution – die Urworte des Lebens. MPG-Spiegel 3/4, 25–30 (1979)
55. Garrels, R. M., Berner, R. A.: The global carbonate-silicate sedimentary system, – some feedback relations. In: Biomineralization and biological metal accumulation (Westbroek, P., de Jong, E. W. (eds.), 73–87 (1983)
56. Gehrels, T. (ed.): Asteroids. 1187 S., Tucson Ariz.: University Press (1979)
57. Glaessner, M. F.: Early Phanerozoic annelid worms and their geological and biological significance. J. geol. Soc. 132, 259–275 (1976)
58. Goldberg, E. D. (ed.): Atmospheric chemistry. 385 S., Berlin-Heidelberg-New York: Springer (1982)
59. Goldsmith, D.: The quest for extraterrestrial life. Mill Valley Calif.: Univ. Science Books (1980)
60. Golubic, S., Campbell, S. E.: Biogenically formed aragonite concretions in marine Rivularia. In: Phanerozoic Stromatolites (C. Monty ed.) 209–226, Berlin-Heidelberg-New York (1981)
61. Golubic, S.: Stromatolites, fossil and recent: a case history. In: Biomineralization and biological metal accumulation (Westbroek, P., de Jong, E. W. eds.), 313–326 Dordrecht: Reidel (1983)
62. Grieve, R. A. F.: Impact bombardment and its role in proto-continental growth on the early Earth. Precambrian Res. 10 (3/4), 217–247, (1980)
63. Grieve, R. A. F.; Robertson, P. B.: The terrestrial Cratering record. I. Current status of observations. Icarus 38, 212–229 (1979)
64. Gunnison, D., Alexander, M.: Basis for the resistance of several algae to microbial decomposition. Appl. Microbiol. 29 (6), 729–738 (1975)
65. Habermehl, G., Springer, G.: Langkettige Diole im Messeler Ölschiefer. Naturwissenschaften 70, 197–198 (1983)
66. Habermehl, G., Hundrieser, H.-J.: 50 Millionen Jahre altes Coniferen-Lignin aus Messel. Naturwissenschaften 70, 249–250 (1983)
67. Habermehl, G., Hundrieser, H.-J.: Fossile Relikte der „Wasserblüte" im Messeler Ölschiefer. Naturwissenschaften 70, 566–567 (1983)
68. Hahn, G., Hahn, R., Leonardos, O. H., Pflug, H. D., Walde, D. H. G.: Körperlich erhaltene Scyphozoen-Reste aus dem Jungpräkambrium Brasiliens. Geologica et Palaeontologica 16, 1–18 (1982)
69. Hallam, A. (ed.): Patterns of evolution. 592 S., Amsterdam: Elsevier (1977)
70. Hallbauer, D. K.: The plant origin of the Witwatersrand „carbon". Minerals Sci. Engng. 7 (2), 111–132 (1975)
71. Harborne, J. B., Ingham, J.: Biochemical aspects of the coevolution of higher plants with their fungal parasites. In: Biochemical aspects of plant and animal coevolution (J. B. Harborne ed.), 343–403, London: Academic (1978)

72. Hare, R.E., Abelson, P.H.: Proteins in mollusk shells. Ann. Rep. Dir. Geophys. Lab. Carnegie Inst. Washington Yearbook 63, 267–270 (1964)
73. Hedges, R.E.M., Wallace, C.J.A.: The survival of protein in bone. In: Biogeochemistry of amino acids (Hare, P.E. ed.), 35–40, New York: Wiley (1980)
74. Heller, W.: Organisch-chemische Untersuchungen im Posidonienschiefer Schwabens. In: Adv. Organ. Geochem. (G.D. Hobson, M.C. Louis eds.), 75–84, Oxford: Pergamon (1964)
75. Hennig, W.: Die Stammesgeschichte der Insekten. 436 S., Frankfurt: Kramer (1969)
76. Hoering, T.C.: Molecular fossils from the Precambrian Nonesuch shale. Year book Carnegie Institution of Washington 76, 806–813 (1975)
77. Hoering, T.C.: The organic constituents of fossil mollusc shells. In: Biogeochemistry of amino acids (Hare, P.E. ed.), 193–201, New York: Wiley (1980)
78. Holland, H.D., Schidlowski, M.: Mineral deposits and the evolution of the biosphere. 333 S., Berlin-Heidelberg-New York: Springer (1982)
79. Horrowitz, A.S., Potter, P.E.: Introductory petrography of fossils. 302 S., Berlin-Heidelberg-New York: Springer (1971)
80. Hsü, K.J.: Was verursachte das Massensterben im Erdmittelalter? Umschau 83 (3), 77–81 (1983)
81. Hughes, N.F., Smart, J.: Plant-insect relationships in Palaeozoic and later time. In: The Fossil Record 107–117, Geol. Soc. London (1967)
82. Jacobsen, J.B.E.: Copper deposits in time and space. Minerals Sci. Engng. 7 (4), 337–371 (1975)
83. James, H.L., Trendall, A.F.: Banded iron formation: Distribution in time and paleoenvironmental significance. In: Mineral deposits and the evolution of the Biosphere (H.D. Holland, M. Schidlowski eds.), 199–217, Berlin-Heidelberg-New York: Springer (1982)
84. Jenkins, R.J.F., Gehling, J.G.: A review of the frond-like fossils of the Ediacara assemblage. Records S. Austral. Museum 17 (23), 347–359 (1977)
85. Jope, E.M.: Ancient bone and plant proteins: The moleculare state of preservation. In: Biochemistry of amino acids (Hare, P.E. ed.), 23–33, New York: Wiley (1980)
86. Kandler, O.: Archaebakterien und die Phylogenie der Organismen. Naturwissenschaften 68, 183–192 (1981)
87. Kasting, J.F., Zahnle, K.J., Walker, J.C.G.: Photochemistry of methane in the Earth's early atmosphere. Precambrian Res. 20 (2–4), 121–148 (1983)
88. Kazmierczak, J.: Devonian and modern relatives of the Precambrian *Eosphaera*: possible significance for the early eukaryotes. Lethaia 9, 39–50 (1976)
89. Kerridge, J.F. & Bunch, T.E.: Aqueous activity on asteroids: Evidence from carbonaceous meteorites. In: Asteroids (T. Gehrels ed.), Tucson Ariz.: University of Arizona Press (1979)
90. Kevan, P.G., Chaloner, W.G., Savile, D.B.O.: Interrelationships of early terrestrial arthropods and plants. Paleontology 18 (2), 391–417 (1975)
91. Kirsten, T.: Time and the solar system. In: The origin of the solar system (S.F. Dermott ed.), 268–346, Chichester: Wiley (1978)
92. Krampitz, G.P.: Matrix in mollusk shells and avian eggshells. In: Structures of biological materials (H.G. Nancollas ed.), 219–232, Berlin-Heidelberg-New York: Springer (1982)
93. Kräusel, R., Weyland, H.: Die Flora des deutschen Unterdevon. Abh. Preuss. Geol. L.-Anst. NF. 131 (1930)
94. Kruckow, T.: Eine echte Bernstein-Eidechse. Der Aufschluß 13 (11), 267–270 (1962)
95. Krumbiegel, G., Walther, H.: Fossilien. 336 S., Stuttgart: Enke (1977)

96. Krumbiegel, G., Krumbiegel, B.: Fossilien der Erdgeschichte. 406 S., Stuttgart: Enke (1981)
97. Kuhn, O.: Deutschlands vorzeitliche Tierwelt. 126 S., Bonn: Bayr. Landwirtsch. Verlag (1956)
98. Lange, E.: Warum sterben Tiere aus? Natur u. Museum 113 (10), 289–297 (1983)
99. Lehmann, U.: Paläontologisches Wörterbuch. 2. Aufl., 440 S., Stuttgart: Enke (1977)
100. Lerman, A.: Geochemical processes: Water and sediment environment. 481 S., New York: Wiley (1979)
101. Lewis, R. S., Anders, E.: Urmaterie in Meteoriten. Spektrum d. Wiss. (10), 44–56 (1983)
102. Logan, A., Hills, L. V. (ed.): The Permian and Triassic systems and their mutual boundary. Canad. Soc. Petrol. Geologists Mem. 2 (1973)
103. Lovelock, J. E.: Gaia, a new look at life on Earth. 157 S., Oxford: Oxford Univ. Press (1979)
104. Lovelock, J. E., Whitfield, M.: Life span of the biosphere. Nature 296, 561–563 (1982)
105. Lowenstam, H. A.: Biologic problems relating to the composition and diagenesis of sediments. In: The Earth Sciences (William Marsh Rice Univ. ed.), 137–195, Chicago: Univ. Chicago Press (1963)
106. Lowenstam, H. A.: Minerals formed by Organisms. Science 211, 1126–1131 (1981)
107. Lowenstam, H. A., Margulis, L.: Evolutionary prerequisits for early Phanerozoic calcareous skeletons. Biosystems 12, 27–41 (1980)
108. Lowenstam, H. A., Weiner, S.: Mineralization by organisms and the evolution of biomineralization. In: Biomineralization and biological metal accumulation (Westbroek, P., de Jong, E. W. eds.), 191–203 (1983)
109. Lowenstein, J. M.: Immunospecifity of fossil collagens. In: Biogeochemistry of amino acids (Hare, P. E. ed.), 41–51, New York: Wiley (1980)
110. Lowry, B., Lee, D., Hébant, C.: The origin of land plants: a new look at an old problem. Taxon 29 (2/3), 183–197 (1980)
111. Margulis, L., Stolz, J.: Microbial systematics and a gaian view of the sediments. In: Biomineralization and biological metal accumulation (Westbroek, P., de Jong, E. W. eds.), 27–53 (1983)
112. Matheja, J., Degens, E. T.: Structural molecular biology of phosphates. 180 S., Stuttgart: Fischer (1971)
113. Matthews, S. C., Missarzhevsky, V. V.: Small shelly fossils of late Precambrian and early Cambrian age: a review of recent work. J geol. Soc. London 131, 289–304 (1975)
114. Maurer, P., Eberhardt, P., Geiss, J., Grögler, N., Stettler, A., Brown, G. M., Peckett, A., Krähenbühl, U.: Pre-Imbrian craters and basins: ages, compositions and excavation depths of Apollo 16 breccias. Geochim. Cosmochim. Acta 42, 1687–1720 (1978)
115. Mazliak, P.: Chemistry of plant cuticles. In: Progress in Phytochemistry 1 (Reinhold, I., Lischwitz, Y. eds.), 49–111, London: Interscience (1968)
116. McAlester, A. L.: Die Geschichte des Lebens. 187 S., Stuttgart: Enke (1981)
117. McKirdy, D. M.: Organic geochemistry in Precambrian research. Precambrian Res. 1, 75–137 (1974)
118. McKirdy, D. M., Hahn, J. H.: Composition of kerogen and hydrocarbons in Precambrian rocks. In: Mineral deposits and the evolution of the Biosphere (H. D. Holland, M. Schidlowski eds.), 123–154, Berlin-Heidelberg-New York: Springer (1982)
119. McNeill, S., Southwood, T. R. E.: The role of nitrogen in the development of insect/

plant relationship. In: Biochemical aspects of plant and animal coevolution (J. B. Harborne ed.), 77–159, London: Academic (1978)
120. Müller, A. H.: Lehrbuch der Paläozoologie I, 2. Aufl., 387 S. (1963)
121. Müller, K. J.: Crustracea with preserved soft parts from the upper Cambrian of Sweden. Lethaia 16, 93–109 (1983)
122. Mutvei, H.: Exoskeletal structure in the Ordovician trilobite *Flexycalymene*. Lethaia 14, 225–234 (1981)
123. Muzzarelli, R. A. A.: Natural chelating polymers. 260 S., Oxford: Pergamon Press (1973)
124. Nagy, B.: Carbonaceous meteorites. 747 S., Amsterdam: Elsevier (1975)
125. Nagy, B.: Organic chemistry on the young Earth. Naturwissenschaften 63: 499–505 (1976)
126. Nancollas, H. G.: Biological Mineralization and demineralization. 414 S., Berlin-Heidelberg-New York: Springer (1982)
127. Niklas, K. J.: Morphological and chemical examination of *Courvoisiella ctenomorpha* gen. et spec. nov., a siphonous alga from the upper Devonian, West Virginia. Rev. Paleobotan. Palynol. 21, 187–203 (1976)
128. Niklas, K. J.: Chemical examinations of some non-vascular Paleozoic plants. Brittonia 28, 113–137 (1976a)
129. Niklas, K. J.: Organic chemistry of *Protosalvinia* (= *Foersteria*) from the Chattanouga and New Albany shales. Rev. Paleobotan. Palynol. 22, 265–279 (1976b)
130. Niklas, K. J., Gensel, P. G.: Chemotaxonomy of some Paleozoic vascular plants, III. Cluster configurations and their bearing on taxonomic relationships. Brittonia 30 (2), 216–232 (1978)
131. Niklas, K. J.: Paleobiochemical techniques and their applications to Paleobotany. Progr. Phytochemistry 6, 143–181 (1980)
132. Niklas, K. J. (ed.): Paleobotany, paleoecology and evolution. Vol. 1/2, Praeger (1981)
133. Niklas, K. J., Pratt, M. L.: Evidence for lignin-like constituents in early Silurian (Llandoverian) plant fossils. Science 209, 396–397 (1980)
134. North, F. K.: Episodes of source-sediment deposition. J. Petrol. Geol. 2 (2), 199–218 (1979)
135. Owen, T., Cess, R. D., Ramanathan, V.: Enhanced CO_2 greenhouse to compensate for reduced solar luminosity on early Earth. Nature 277, 640–642 (1979)
136. Pautard, F.: Calcium, phosphorus and the origin of backbones. New Scientist 260, 364–365 (1961)
137. Pearson, R.: Climate and Evolution. 274 S., London: Academic Press (1978)
138. Pflug, H. D.: Lebensspuren älter als die Erde? Bild d. Wissenschaft 1, 56–62 (1982)
139. Pflug, H. D.: Early diversification of life in the Archaean. Zbl. Bakt. Hyg. I. Abt. Orig. C 3, 40–52 (1982)
140. Pflug, H. D.: Early geological record and the origin of life. Naturwissenschaften 71, 63–68 (1984)
141. Ponnamperuma, C. (ed.): Comets and the Origin of life. Dordrecht: Reidel (1981)
142. Prockop, D. J., Williams, C. J.: Structure of the organic matrix: Collagen structure. In: Structures of biological materials (H. G. Nancollas ed.), 161–177. Berlin-Heidelberg-New York: Springer (1982)
143. Rahmann, H.: Die Entstehung des Lebendigen. 2. Aufl. 157 S., Stuttgart-New York: Fischer (1980)
144. Reimer, T. O., Barghoorn, E. S., Margulis, L.: Primary productivity in an early Archean microbial ecosystem. Precambrian Res. 9, 93–104 (1979)

145. Reinbold, H., Kraus, G.-J.: Entstehung und molekulare Evolution des Lebens. 306 S., Jena: VEB Gustaf Fischer (1982)
146. Rhodes, F. H. T.: Permo-Triassic extinctions. In: The fossil record (Geol. Soc. London ed.), 57–76 (1967)
147. Rhodes, F. H. T., Bloxam, T. W.: Phosphatic organisms in the Paleozoic and their evolutionary significance. Proc. North Amer. Paleontological Convention, 1485–1513 (1969)
148. Romer, A. S.: Die Entwicklungsgeschichte der Tiere 2, 383 S., Lausanne, Edition Recontre (1970)
149. Ronov, A. A., Korzina, G. A.: Phosphorus in sedimentary rocks. Geochemistry 8, 805–829 (1960)
150. Rowley, J. R., Dahl, H. O., Rowley, J. S.: Coiled construction of exinous units in pollen of Artemisia. 38th Ann. Proc. Electron Microscopy Soc. Amer. San Francisco 1980, 252–253 (1980)
151. Salopp, L. J.: Geological evolution of the Earth during the Precambrian. 459 S., Berlin-Heidelberg-New York: Springer (1983)
152. Sandstrom, M. W.: Organic geochemistry of some Cambrian phosphorites. In: Adv. Organ. Geochem. (A. G. Douglass, J. R. Maxwell eds.), 123–131, Oxford: Pergamon Press (1982)
153. Saunders, W. B., Mapes, R. H., Carpenter, F. M., Elsik, W. C.: Fossiliferous amber from the Eocene (Claiborne) of the Gulf coastal plain. Geol. Soc. Amer. Bull. 85, 979–984 (1974)
154. Schlee, D., Glöckner, W.: Bernsteine und Bernstein-Fossilien. Stuttgarter Beiträge zur Naturkunde C8 (1978)
155. Schlegel, H. G.: Allgemeine Mikrobiologie. 2. Aufl., 461 S., Stuttgart: Thieme (1972)
156. Schidlowski, M.: Die Geschichte der Erdatmosphäre. Spektrum d. Wissenschaft „1981" (4), 17–27 (1981)
157. Schidlowski, M.: Stable isotopes and the evolution of life: an overview. In: Stable isotopes (H.-L. Schmidt, H. Förstel, K. Heinzinger (ed.)), 95–101, Amsterdam: Elsevier (1982)
158. Schidlowski, M.: Evolution of photoautotrophy and early atmospheric oxygen levels. Precambrian Res. 20, 319–335 (1983)
159. Schopf, J. W.: Antiquity and evolution of Precambrian life. Mc Graw Hill Yearbook of Science and Technology, 46–55 (1967)
160. Schopf, J. W.: The evolution of the earliest cells. Scientific American 239 (3), 110–138 (1978)
161. Schopf, J. W., Walter, M. R.: Filamentous fossil bacteria from the Archaean of Western Australia. Precambrian Res. 20 (2–4), 357–374 (1983)
162. Sokolov, B. S.: Perspectives on Precambrian biostratigraphy. Geologiya, Geofizika 18 (11), 54–70 (1977)
163. Strassburger, E. (Begr.).: Lehrbuch der Botanik. 31. Aufl., 1080 S., Stuttgart: Fischer (1978)
164. Stürmer, W.: Neue Ergebnisse der Paläontologie durch Röntgenuntersuchungen. Naturwissenschaften 60, 407–411 (1973)
165. Sturm, M.: Die eozäne Flora von Messel bei Darmstadt. I. Lauraceae. Palaeontographica B 134, 1–60 (1971)
166. Stryer, L.: Biochemistry. 877 S., San Francisco: Freeman (1975)
167. Swain, T.: Plant – animal coevolution: A synoptic view of the Paleozoic and Mesozoic. In: Biochemical aspects of plant and animal coevolution (J. B. Harborne ed.), 3–19, London: Academic (1978)

168. Swain, T., Cooper-Driver, G.: Biochemical evolution in early land plants. In: Paleobotany, Paleooecology and Evolution I (K.J. Niklas ed.), 103–133, Praeger (1981)
169. Tappan, H.: Primary production, isotopes, extinctions and the atmosphere. Paleogeography, Paleoclimatology, Paleoecology 4, 187–210 (1968)
170. Tappan, H., Loeblich, A.R.: Evolution of the oceanic plankton. Earth Sci. Rev. 9, 207–240 (1973)
171. Tarlo, L.B.H.: Biochemical evolution and the fossil record. In: The fossil record (Geol. Soc. London ed.), 119–132 (1967)
172. Tasch, P.: Paleobiology of the Invertebrates. 946 S., New York: J. Wiley (1973)
173. Taylor, T.N.: The origin of land plants: a palaeobotanical perspective. Taxon 31 (2), 155–177 (1982)
174. Taylor, T.N., Scott, A.C.: Interactions of plants and animals during the Carboniferous. Bioscience 33 (8), 488–493 (1983)
175. Thauer, R.K., Brandis-Heep, A., Diekert, E., Gilles, A.H., Graf, E.G., Jänchen, R., Schönheit, P.: Drei neue Nickelenzyme aus anaeroben Bakterien. Naturwissenschaften 70, 60–64 (1983)
176. Thenius, E.: Allgemeine Paläontologie. 157 S., Wien-Eisenstadt: Prugg (1976)
177. Thode, H.G.: Sulphur isotope ratios in late and early Precambrian sediments and their implications regarding early environments and early life. Origins of Life 10, 127–136 (1980)
178. Tiegs, O.W., Manton, S.M.: The evolution of the Arthropoda. Biol. Rev. 33, 255–328 (1958)
179. Tissot, B.P., Welte, D.H.: Petroleum formation and occurrence. 538 S., Berlin-Heidelberg-New York: Springer (1978)
180. Towe, K.M.: Oxygen-collagen priority and the early Metazoan fossil record. Proc. Natl. Acad. Sci. USA 65 (4), 781–788 (1970)
181. Towe, K.M.: Preserved organic ultrastructure: An unreliable indicator for Paleozoic amino acid biogeochemistry. In: Biogeochemistry of amino acids (Hare, P.E. ed.), 65–74, New York: Wiley (1980)
182. Trudinger, P.A., Swaine, D.J. (ed.): Biogeochemical cycling of mineral-forming elements. 612 S., Amsterdam: Elsevier (1979)
183. Trüper, H.G.: Microbial processes in the sulfur cycle through time. In: Mineral deposits and the evolution of the biosphere (H.D. Holland, M. Schidlowski eds.), 5–30, Berlin-Heidelberg-New York: Springer (1982)
184. Twistleton-Wykeham-Fiennes, R.N.: Ecology and Earth History. 120 S., London: Croom Helm (1976)
185. Urey, H.C.: Cometary collisions and geological periods. Nature 242, 32–33 (1973)
186. Valentine, J.W.: Phanerozoic taxonomic diversity: a test of alternate models. Science 180, 1078–1079 (1973)
187. Vavra, N.: Paläochemie. Chemie in unserer Zeit 14 (4), 115–123 (1980)
188. Vavra, N., Vycudilik, W.: Chemische Untersuchungen an fossilen und subfossilen Harzen. Beitr. Paläont. Österr. *1*, 121–135 (1976)
189. Vogel, K., Gutmann, W.F.: Zur Entstehung von Metazoen-Skeletten an der Wende von Präkambrium zu Kambrium. Festschrift Wiss. Ges. Johann Wolfgang Goethe Univ. Frankfurt, 517–537, Wiesbaden: Steiner (1981)
190. Volcain, B.E.: Aspects of silification in biological systems. In: Biomineralization and biological metal accumulation (Westbroek, P., de Jong, E.W. eds.), 389–405 (1983)
191. Walter, M.R., Oehler, J.H., Oehler, D.Z.: Megascopic algae 1300 million years old from the Belt supergroup Montana: A reinterpretation of Walcott's *Helminthoidichnites*. J. Paleontology 50, 872–881 (1976)

192. Wedepohl, K. H.: Handbook of Geochemistry. II (1), 568 S., Berlin-Heidelberg-New York: Springer (1969)
193. Wedepohl, K. H.: Geochemistry. 231 S., New York: Holt, Rinehart, Winston (1971)
194. Weiner, S., Lowenstam, H. A., Hood, L. A.: Characterization of 80-million-year-old mollusk shell proteins. Proc. Natl. Acad. Sci. USA 73 (8), 2341-2545 (1976)
195. Weiner, S., Lowenstam, H. A., Taborek, B., Hood, L.: Fossil mollusk shell organic matrix components preserved for 80 million years. Paleobiology 5 (2), 144-150 (1979)
196. Wessels, N. K.: A catalogue of processes responsible for Metazoan morphogenesis. In: Evolution and development (J. T. Bonner ed.) 115-154, Berlin-Heidelberg-New York (1982)
197. Westbroek, P.: Biological metal accumulation and biomineralization in a geological perspective. In: Biomineralization and biological metal accumulation (Westbroek, P., de Jong, E. W. eds.), 1-11 (1983)
198. Westbroek, P., van der Meide, P. H., van der Wey-Kloppers, J. S., van der Sluis, R. J., de Leeuw, J. W., de Jong, E. W.: Fossil makromolecules from cephalopod shells: Characterization, immunological response and diagenesis. Paleobiology 5 (2), 151-167 (1979)
199. Williams, R. J. P., da Silva, J. R. R. F. (ed.): New Trends in bioinorganic chemistry. 489 S., London: Academic Press (1978)
200. Wray, J. L.: Calcareous Algae. 186 S., Amsterdam: Elsevier (1977)
201. Wyckoff, R. W. G.: Trace elements and organic constituents in fossil bones and teeth. Proc. North American Convention pt. K, 1514-1524 (1971)
202. Wyckoff, R. W. G.: Collagen in fossil bones. In: Biogeochemistry of amino acids (Hare, P. E. ed.), 17-22, New York: Wiley (1980)
203. Yen, T. F.: Chemical aspects of metals in native petroleum. In: The role of trace metal in petroleum, 1-30, Ann Arbor Publ. (1975)
204. Young, R. A., Brown, W. E.: Structures of biological materials. In: Biological mineralization and demineralization (H. G. Nancollas ed.), 101-141, Berlin-Heidelberg-New York: Springer (1982)
205. Ziegler, W.: Sterben, Aussterben, Ausrotten. Natur u. Museum 113 (10), 285-288 (1983)

Sachverzeichnis

Abietinsäure 23
Aldan-Massiv 23
Alethopteris 64
Algen 34, 39, 62, 70, 74, 75, 115
Algin 14, 72, 120
Alkaloide 84, 87, 99
Alkohole 75
Altschnecken 47, 78
Aminosäuren 2, 7 ff., 87, 93, 137, 138
Aminozucker 37
Ammonit 102, 108
Amphibien 84, 91
Anaerobier 121 ff.
Angiospermen 99
Anneliden 29, 35, 82
Annularia 64
Anthrazit 75
Antibiotika 88
Apatit 36, 81, 92, 93
Aragonit 49, 53 ff., 107
Archäobakterien 26, 112
Archaeocyathen 52
Archaeogastropoden 47, 104
Armfüßer 36
Arthropleura 83, 86
Arthropoden 80 ff., 84, 85
Asparaginsäure 8, 9, 48
Asphalt 11
Asteroid 96, 135
Atmosphäre 70, 76, 96, 121
Aussterben 101

Bändereisenerz 116, 131
Bakterien 6, 39, 46, 48, 70, 74, 75, 110 ff., 128, 132, 137
–, magnetotaktische 46, 47
Beerenalgen 53, 58, 102
Belemniten 11
Bernstein 23, 83, 92
Betulin 23
Biomasse 73, 77, 118, 127

Biominerale 3, 45 ff., 46, 58, 106, 110, 125
Biopolymere 128, 129
Biosedimente 3, 57, 110 ff., 128
Bitumen 77
Blastula 42
Blaubakterien 15, 44, 47, 70, 110 ff., 114, 115, 122, 130
Bodenbakterien 70
Böden 70, 71
Borke 88
Brachiopoden 36
Braunalgen 41, 68, 72
Braunkohle 75
Brückenechse 102, 105

Calamiten 64
Calcit 49, 50, 53, 81, 106, 107
Calcium 31, 38, 48, 54, 58
Calciumcarbonat 51, 58, 115
Calciumphosphat 36, 45 ff., 51
Carbonat 49, 52, 104, 125, 131, 140
Carbonat-Skelette 31, 37, 54 ff.
Carbonsäure 17, 63, 137
Carotinoide 22, 121
Cellulose 2, 13, 56, 63, 64, 74, 76, 77
Cetyl-Palmitat 20
Chelate 115
Chemofossilien 1, 26, 79
Chinone 81
Chitin 13, 14, 47, 80 ff., 82, 119
Chlorophyll 26, 121
Cholesterol 19, 121
Chondrit 137
Coccolithophoriden 53, 57, 58
Coelenteraten 20, 32
Conchiolin 8
Coniferylalkohol 16
Copepoden 120
Cyanobakterien 15, 44, 47, 70, 110 ff., 114, 122, 123
Cycadeen 89

163

Decapoden 81
Diatomeen 57, 114
Dimethylfuran 15
Dimetrodon 108
Dinoflagellaten 15, 57
Dinosaurier 103, 105, 107
Diole 21
Dreilapper 37, 82
Drüsenhaare 88

Ebriden 56
Echinodermen 52
Eier 93, 107
Eisenbakterien 47, 110, 123, 129
Eisenerz 111, 116
Eiszeiten 4, 6, 124, 134
Elemente 110
Enzyme 7
Eohostimella 61, 67
Eosphaera 42
Erdöl 1, 18, 27, 76, 102
Erdwachs 11
Ergosterol 66
Erzknollen 116
Ethylester 16
Evolution 4
extraterrestrisch 100, 134

Farnesan 25
Faulschlammgesteine 73
Fette 77
Fettsäuren 7, 74, 75, 121, 138
Fibroin 90
Fische 11, 55, 90, 104
Fischsaurier 92
Flavonoide 63, 88
Flechten 70, 118
Fluorit 113
Foraminiferen 49, 53, 104
Friedelin 23
Fucosterol 19
Furosen 14

Gaia 124
Galaktan 64
Galaktose 64
Galaxie 134
Gallenfarbstoffe 121
Gaschromatographie 1, 142

Gastrula 43
Gefäßpflanzen 84
Geiseltal 27, 92
Geitleria 47
Geochemie 3
Gerüstproteine 47
Gigantostraken 83
Ginkgobäume 89
Gips 140
Gliederfüßler 80ff., 84, 85
Globigerinen 97
Glukan 64
Glukosamin 14, 15, 48
Glukose 14, 64
Glukosinolate 87
Glutaminsäure 2, 8
Glycin 30, 37
Glykoproteine 11, 37
Glykoside 87
Goethit 51
Gold 118, 119
Gorgonin 33
Graphit 79
Graptolithen 9, 10
Grenzton 95
Grünalgen 62, 72
Gunflint 42
Gyraulus 8

Hämatit 116
Hartskelette 31
Harz 23
Hautmuskelschlauch 28, 31
Heterocyclen 7
Hohltiere 20, 32
Holz 62
Hornstein 114, 128
Huminsäuren 78
Hydroskelett 31ff., 35
Hydroxyprolin 30, 93, 121
Hyolithellus 35, 83

Iminosäure 37
Immunreaktion 30
Immunsystem 84
Infrarotspektroskopie 24, 144
Inkohlung 74, 77, 127ff.
Insekten 81, 85, 87, 105
Ionophoren 113
Iridium 95

Isoflavonoide 87
Isopren 22
Isoprenoide 25, 130, 138
Isotope 76, 130
Isotopenchemie 117, 130
Isua 127, 129, 140

Känozoikum 5
Kalkalgen 41
Keratin 47, 90
Kerogen 2, 11, 77, 78, 137, 142
Kieselalgen 56, 58, 114
Kieselflagellaten 56, 114
Kieselsäure 47, 49, 57, 128, 129
Kieselschwämme 56
Klima 124
Knochen 39, 91
Kohle 73 ff., 102
Kohlendioxid 122, 124 ff., 125, 131
Kohlendioxid-Atmosphäre 131
Kohlenhydrate 13 ff., 74, 78
Kohlenstoff 135, 136
Kohlenwasserstoffe 137, 138
Kollagen 12, 28, 29, 30, 33, 82, 92, 93, 121
Komet 96, 135
Koniferen 89, 105
Korallen 49
Krebse 55, 81
Kumaralkohol 16
Kutikula 20, 35, 65, 82
Kutin 64, 120

Lagerstätten 110, 111
Lagerstättenchemie 110
Lagune 114
Landpflanze 20, 61, 102
Landschnecke 84, 88
Landtiere 102
Laser-Ramanspektrum 128
Leptothrix 47
Lignin 13, 16, 61, 62, 66, 69, 74, 76, 77, 86, 121
Lipide 7, 17, 74, 75, 113

Magnesium 51, 54
Magnetit 49, 113, 116, 140
Mammut 10
Mangan 116, 117
Mannan 64
Mars 131

Massenspektroskopie 1, 143
Matrix 46
Medullosa 86
Meduse 33
Meerespflanzen 102
Meerestiere 102
Melanin 63
Mesosaurus 103
Mesozoikum 5
Messel 15, 63, 92
Metamorphose 131
Meteoriten 4, 14, 95 ff., 100, 108, 133 ff., 134, 138
Methan 74, 79, 122, 131, 132
Methan-Bakterien 111
Methylen 17
Mikrosonden 142, 144
Mimese 87
Mimikry-Substanzen 88
Mond 134
Monocarbonsäuren 74
Monoterpenoide 87
Mucopolysaccharide 30, 33, 35, 44, 48
Mucoproteine 35
Murein 112
Mutation 107, 109
Myosin 47

Nacktpflanzen 87
Nacktsamer 105
Nadelhölzer 105, 106
Naturseide 90
Nautilus 47
Nesseltiere 32
Nickel 111
Nitrat 59
Nitrogenasen 122

Ölsäure 18
Ölschiefer 21
Olivin 137
Onverwacht 127
Opal 46, 49, 114
Orthophosphate 37
Osmium 95
Ostracodermaten 40
Oxalate 46
Ozon 63, 69

Paläo-Biochemie 1
Paläozoikum 5

165

Palmitinsäure 17, 75
Panspermie 136
Parasiten 106
Pektin 13
Peptide 8, 28, 113
Peptidoglycan 112
Phanerozoikum 41
Phenol 69, 87
Phenylpropan 16
Phosphat 11, 37, 49, 52, 54, 59, 104, 105
Phospholipide 17, 75, 113
Phospholipid-Membran 39
Phosphor 38
Phosphorit 111, 118
Photosynthese 26, 58, 68, 118, 122, 123, 124, 125
Phytan 25
Phytanglycerin-Äther 26
Phytoplankton 15, 26, 33, 56 ff., 112
Pigmente 26, 59, 78, 138
Pilze 16, 48, 70, 84, 88, 119, 120
Plankton 38, 41, 54, 74, 96 ff.
Polykondensation 58
Polymere 29, 138
Polyp 33
Polypeptide 93
Polysaccharide 13, 30, 112, 128
Polyterpene 87
Polyuronid 14
Porphyrine 27, 79
präbiotisch 127, 134, 135
Präkambrium 5
Pristan 25
Prolin 30
Proteine 2, 7, 8, 10, 74, 77, 81, 89, 112
Protosalvinia 67
Prototaxites 67
Pseudomureine 112
Puppenstadium 90
Purine 7, 138
Pyrimidine 7, 138
Pyrit 11, 117, 119, 122
Pyroxen 137

Radiolarien 56, 106, 114
Rancho La Brea 12
Reptilien 84, 89, 91, 100, 105
Ringelwürmer 35, 82
Röntgenaufnahmen 11
Rudisten 97

Säugetiere 137
Sapropelit 73
Sauerstoff 30, 69, 96, 125
Saurier 98
Schachtelhalm 20, 89
Schlauchalgen 72
Schuppenbäume 89, 102
Schwämme 58
Schwefel 117
Schwefelbakterien 122
Sericin 90
Siegelbäume 89
Silicoflagellaten 57, 114
Sinapylalkohol 16
Sitosterol 75
Skelett 31, 43, 45
Skelettminerale 36
Skleroprotein 35
Sonne 125
Sonnensystem 140
Spinnen 81, 85
Spinosaurus 103
Sporen 67, 71, 85, 86
Sporopollenin 22, 56, 85, 86
Stachelhäuter 49, 52
Staub, kosmischer 96, 109, 135
Stearinsäure 17, 75
Steinkohle 75
Steinkohlenwald 89, 105
Steran 26
Sterole 15, 19, 121
Stickstoff 88, 122, 125
Stickstoff-Hürde 88
Stigmasterol 66, 75
Strahlenalter, kosmisches 134
Strahlentierchen 114
Strahlung, ultraviolette 63, 69, 109
Stromatolith 14, 15, 44, 110 ff., 115, 128
Strontium 51, 54
Strychnin 99
Suberin 64
Succinosis 24
Sulfat 116
Sulfide 111
Sulfiderz 117

Tang 64
Tannine 87, 88, 106
Tanystropheus 103
Tausendfüßler 81, 84

Terpene 22
Thiophene 138
Thucholith 119
Torf 75
Treibhausgas 125
Triglyzeride 17
Trilobiten 11, 37, 80ff., 82
Triterpan 26
Triterpenoide 75
Tyrannosaurus 103
Tyrosin 63, 121

Uraninit 118, 122
Ur-Atmosphäre 125, 131
Urbakterien 26, 112
Urbecher 52

Vend 32, 82
Vendotaeniden 41, 72
Venus 126, 131

Verkieselung 129
Vitamine 7
Vögel 107
Voltzia 20
Volvox 42
Vulkane 125

Wachs 17, 20, 75
Wärmehölle 126
Warawoona 127
Wirbeltiere 104
Witwatersrand 71, 118

Xylane 64
Xylose 64

Zellmembran 17, 113
Zellwand 56
Zooplankton 26, 112
Zucker 7

Nur das Experiment kann jene Verbindung von Geist und Geschicklichkeit vermitteln, die über Jahrtausende hinweg die Fähigkeiten des Menschen gefordert, entwickelt und geprägt hat.

H. Moesta

Erze und Metalle –

ihre Kulturgeschichte im Experiment

1982. 47 Abbildungen, 8 Farbtafeln.
28 Experimente mit Grundanleitung.
XI, 189 Seiten.
DM 34,80. ISBN 3-540-11799-7

Die frühen Fundorte von Gold und Silber, die Verarbeitung der Bronze, das Geheimnis der Stahlerzeugung, umstritten und rätselhaft in Geschichte und Kulturgeschichte, werden hier verständlich ausgebreitet. Der Leser erfährt – um nur ein Beispiel zu geben –, wie ehedem reines Silber gewonnen wurde, und wie auch er heute noch sehr einfach Silber aus einer Erzprobe abscheiden kann. Hier wird nicht nur erzählt, wo und wie die alten Metallurgen (und Chemiker) ihre Wissenschaften und Techniken betrieben haben, sondern ebenso beschrieben, wie jeder Leser selber „am häuslichen Herd" mit einfachen, preiswerten Hilfsmitteln experimentell Metalle und Legierungen herstellen kann. Damit vereinigt das Buch das Wissen der Geologen, Mineralogen, Chemiker, Metallurgen und nicht zuletzt der Historiker zu einer neuartigen „experimentellen Archäologie".

Es ist keineswegs nur für Naturwissenschaftler geschrieben, sondern für alle, die geschichtliches Interesse besitzen oder ihr experimentelles Geschick erproben möchten. Bei aller exakten Wissenschaftlichkeit bleibt dieses Buch eine erholsame Lektüre: zum Besitzen und Verschenken an gute Freunde, ein Buch für Fachleute, aber auch für Kunst- und Kulturhistoriker, Archäologen und Sammler, für Chemieschulen, Hochschul- und Forschungsinstitute, Berufs- und Fortbildungsinstitute, ein Buch auch des Handwerks, etwa der Schmuckindustrie.

Inhaltsübersicht: Zeit und Technologie. – Kupfer. – Die Entdeckung der Legierungen. – Blei und Silber. – Gold. – Eisen. – Grundanleitung für die Experimente. – Farbtafeln. – Literaturverzeichnis. – Sachverzeichnis.

Springer-Verlag
Berlin
Heidelberg
New York
Tokyo

B.-O. Küppers

Molecular Theory of Evolution
Outline of a Physico-Chemical Theory of the Origin of Life
Translated from the German by P. Woolley
1983. 76 figures. IX, 321 pages
Cloth DM 79,-. ISBN 3-540-12080-7

Contents: Introduction. - The Molecular Basis of Biological Information: Definition of Living Systems. Structure and Function of Biological Macromolecules. The Information Problem. - Principles of Molecular Selection and Evolution: A Model System for Molecular Self-Organization. Deterministic Theory of Selection. Stochastic Theory of Selection. - The Transition from the Non-Living to the Living: The Information Threshold. Self-Organization in Macromolecular Networks. Information-Integrating Mechanisms. The Origin of the Genetic Code. The Evolution of Hypercycles. - Model and Reality: Systems under Idealized Boundary Conditions. Evolution in the Test-Tube. Conclusions: The Logic of the Origin of Life. - Mathematical Appendices. - Bibliography. - Index.

Chemiker-Kalender
Herausgeber: **C. Synowietz, K. Schäfer**
3., völlig neubearbeitete Auflage. 1984.
X, 656 Seiten.
Gebunden DM 44,-. ISBN 3-540-12652-X

Inhaltsübersicht: SI-Einheiten und ihre Umrechnungen. - Nomenklatur der Enzyme. - In der biochemischen Literatur häufig benutzte Abkürzungen. - Relative Atommassen der Elemente. - Maßeinheiten. - Formeln für einfache geometrische Strukturen. - Physikalische Eigenschaften der Elemente und Verbindungen. - Dichtetabellen. - Löslichkeitstabellen. - Thermodynamische Tabellen. - Dampfdrucke. - Anhang. - Analytische Faktoren. - Sachverzeichnis. - Periodensystem.

Springer-Verlag
Berlin
Heidelberg
New York
Tokyo

GPSR Compliance

The European Union's (EU) General Product Safety Regulation (GPSR) is a set of rules that requires consumer products to be safe and our obligations to ensure this.

If you have any concerns about our products, you can contact us on

ProductSafety@springernature.com

In case Publisher is established outside the EU, the EU authorized representative is:

Springer Nature Customer Service Center GmbH
Europaplatz 3
69115 Heidelberg, Germany

www.ingramcontent.com/pod-product-compliance
Lightning Source LLC
LaVergne TN
LVHW010259260326
834688LV00044B/1373